U0664189

《房屋市政工程生产安全重大事故隐患判定标准（2022版）》解读与实施

陈大伟　等　编著

中国建筑工业出版社

图书在版编目（CIP）数据

《房屋市政工程生产安全重大事故隐患判定标准（2022版）》解读与实施 / 陈大伟等编著. —北京：中国建筑工业出版社，2023.6

ISBN 978-7-112-28770-3

Ⅰ.①房… Ⅱ.①陈… Ⅲ.①房屋—市政工程—工程事故—事故分析—中国 Ⅳ.①TU990.05

中国国家版本馆CIP数据核字（2023）第094975号

针对房屋市政工程领域安全生产工作的新情况新问题，住房和城乡建设部对相关法律法规已有规定和近年来发生的重特大生产安全事故进行了全面梳理，深刻剖析了群死群伤事故原因，系统归纳了工地现场高度危险施工环节，聚焦项目的安全管理缺失、人的不安全行为和物的不安全状态，制定了《房屋市政工程生产安全重大事故隐患判定标准（2022版）》（简称《判定标准》）。

为使工程建设参建各方主体和住房和城乡建设主管部门在实践中更好地理解、掌握和执行《判定标准》，充分发挥其在提升安全生产工作中的积极作用，精准消除重大事故隐患，进一步提升安全管理水平，编写了本书。本书编写人员全部为《判定标准》的参与人员，此外，还邀请了本书涉及的相关法律法规和标准规范的编写人员、典型事故的调查组成员以及相关专业的专家。

责任编辑：高　悦　张　磊
责任校对：芦欣甜

《房屋市政工程生产安全重大事故隐患判定标准（2022版）》解读与实施

陈大伟　等　编著

*

中国建筑工业出版社出版、发行（北京海淀三里河路9号）
各地新华书店、建筑书店经销
北京建筑工业印刷厂制版
北京云浩印刷有限责任公司印刷

*

开本：787毫米×1092毫米　1/16　印张：8¼　字数：204千字
2023年5月第一版　2023年5月第一次印刷
定价：**88.00**元
ISBN 978-7-112-28770-3
（41208）

版权所有　翻印必究
如有印装质量问题，可寄本社图书出版中心退换
（邮政编码 100037）

编写委员会

主　任：陈大伟

副主任：王维宇　乔　登　熊新华　张　伟

成　员：（按姓氏笔画为序）

于　强　万建璞　马帛洋　王园园　王昕仪　王欣荣
王恒任　尹仕辽　卢希峰　田　康　吕北方　任　冬
刘学森　刘　洋　李　丁　李永琰　李　庆　李炳胜
李艳超　李睿智　张　丹　张　亮　张广耀　张成阳
张镜心　陈卫卫　陈燕鹏　罗贵波　金柴君　周凯辉
赵　迎　赵欢腾　赵晨阳　郝爱梅　柳　辉　殷胜利
高　蕊　高　磊　郭正阳　郭伟贤　海腾飞　康　宸
章　鹏　隗傲争　彭　展　董海亮　韩　量　雒智铭
魏　征　藤莉莉

评审委员会

主　任：张英明

副主任：王凯辉　周　伟　厉天数　步向义

成　员：（按姓氏笔画为序）

于　剑　王兰英　王安邦　王海洋　王静宇　未　征
齐志恩　夏　亮　徐卫星　高永虎　高维权　扈其强
韩利钧　温旭宇　解金箭　黎　浩

前　　言

安全生产事关人民福祉，事关经济社会发展大局，是党和政府对人民利益高度负责的充分体现。党中央、国务院历来高度重视安全生产工作，特别是党的十八大以来，以习近平同志为核心的党中央作出一系列重大决策部署，推动安全生产工作取得了历史性成就，事故起数和死亡人数连续多年持续下降。

作为国民经济的支柱产业，建筑业正处于全面转型升级和高质量发展的重要阶段。在房屋市政工程领域，近年来的施工安全生产形势总体平稳，事故总量呈下降趋势，尤其在预防控制较大及以上事故方面取得显著成效。根据住房和城乡建设部的最新统计，2021年和2022年，较大及以上事故分别为16起（死亡68人）和11起（死亡49人），事故起数和死亡人数是自有统计以来的历史最低水平。同时，我们也要清醒看到，房屋市政工程事故总量依然较高，重特大事故依然没有杜绝，特别是2021年广东珠海"7·15"隧道透水和2022年贵州毕节"1·3"工地山体滑坡两起重大事故，损失十分惨重、教训极其深刻。

要预防控制事故的发生，首先要明确事故发生的原因。事故致因理论与大量生产安全事故经验教训均表明，消除事故隐患，是遏制事故发生最直接有效的手段。要从根本上遏制建筑施工生产安全事故的发生，就要牢固树立"隐患就是事故"理念，针对建筑施工安全生产的各个环节、各个方面的事故隐患，特别是极易导致群死群伤事故的重大事故隐患，必须提升施工现场重大事故隐患的识别、治理、险情处置的能力和水平，真正将事故消灭在萌芽状态。

住房和城乡建设部历来高度重视重大事故隐患排查治理工作，于2011年出台了《房屋市政工程生产安全重大隐患排查治理挂牌督办暂行办法》，尤其针对危险性较大分部分项工程中存在的重大事故隐患，将原《危险性较大的分部分项工程安全管理办法》（建质〔2009〕87号）于2018年升级为《危险性较大的分部分项工程安全管理规定》，而且多年来将危险性较大的分部分项工程（以下简称危大工程）事故隐患排查治理作为专项整治和监管重点，有效促进了安全管理和技术水平的提升，对遏制群死群伤事故起到了重要作用。

2020年12月，第十三届全国人大常委会第二十四次会议审议通过《中华人民共和国刑法修正案（十一）》（以下简称《刑法修正案（十一）》），针对涉及安全生产的突出问题对刑法作出修改完善。其中，在强令违章冒险作业罪条文的基础上，增加了拒不整改重大事故隐患犯罪的法定情形，引发社会各界高度关注。由于目前我国刑法规定的危害生产安全犯罪均为结果犯，即只有发生实际的法益侵害结果，才有可能追究违法行为人的刑事责任。而《刑法修正案（十一）》的调整，则对未发生重大伤亡事故或者造成其他严重后果，但有现实危险的违法行为提出了刑事责任追究，"醉驾入刑"的立法思路在安全生产领域予以借鉴并正式实施，意味着安全生产法律责任的重大调整，给作为高危行业的建筑施工领域带来重大影响。

2021年第三次修订的《中华人民共和国安全生产法》（以下简称《安全生产法》）中，涉及重大事故隐患的条款多达14条，规定了报告、督办、排查、整改和责任追究等一系列制度。其中第118条明确规定："国务院应急管理部门和其他负有安全生产监督管理职责的部门应当根据各自的职责分工，制定相关行业、领域重大危险源的辨识标准和重大事故隐患的判定标准"。目前对于建筑施工重大事故隐患的判定，主要依据住房和城乡建设部门规章或一般性的规范性文件，那么，这些行政标准是否可以直接作为司法裁判的标准对待，《刑法修正案（十一）》和《安全生产法》并未言明。因此，亟需建立建筑施工行业的重大事故隐患判定标准。

针对房屋市政工程领域安全生产工作的新情况新问题，住房和城乡建设部对相关法律法规已有规定和近年来发生的重特大生产安全事故进行了全面梳理，深刻剖析了群死群伤事故原因，系统归纳了工地现场高度危险施工环节，聚焦项目的安全管理缺失、人的不安全行为和物的不安全状态，制定了《房屋市政工程生产安全重大事故隐患判定标准（2022版）》（以下简称《判定标准》）。

《判定标准》是贯彻落实《中华人民共和国刑法修正案（十一）》和新《中华人民共和国安全生产法》的重大举措。《判定标准》的出台，为准确认定、及时消除建筑施工生产安全重大事故隐患提供依据和遵循，对进一步落实部门监管责任、压实企业主体责任、提升精准防控能力、遏制较大及以上生产安全事故，推动房屋市政工程施工安全形势持续稳定将发挥重要的支撑和保障作用。

虽然《判定标准》的出台对于解决如何识别判定重大事故隐患提供了"标尺"，但《判定标准》也给未来建筑施工生产带来了一定的风险和挑战，现实中如何更科学地去执行《判定标准》，必须考虑到以下几个重要因素：

首先，不能机械教条地去执行《判定标准》。实际上，建筑施工行业重大事故隐患的判定标准要比其他按行业更为复杂，《判定标准》的条款主要来源于目前的法律法规和技术标准规范，以及以往造成群死群伤事故的经验教训，在执行《判定标准》的过程中，还必须考虑到建筑施工行业自身的独有特点、重大事故隐患判定标准的排查治理法律责任分配、施工企业和项目层面管理的多层次、其他各方主体以及建筑市场等诸多问题，要考虑施工现场"人的不安全行为、物的不安全状态"和自然环境等因素的复杂性和动态性，只有在结合上述因素的情境下去执行《判定标准》，才能够更加客观和科学。

其次，建筑施工企业和项目拒不整改重大事故隐患，将从原来的仅承担行政处罚责任，直接上升到承担刑事责任。由于施工企业和项目分离的特点，尤其是大型央企施工企业，在施项目多达上千项，意味着建筑施工企业重大事故隐患排查治理法律责任的大幅提高，安全生产合规尤其是刑事合规的法律风险加大。

最后，由于重大事故隐患加入危害生产安全"犯罪圈"，给建筑施工安全生产行政执法，特别是与司法机关的衔接带来新的课题。之前，安全生产涉嫌犯罪案件移送主要是在事故调查处理阶段，《刑法修正案（十一）》实施后，在日常监管执法中的移送无疑会呈增多的趋势。由于构成该罪虽不需要重大伤亡事故后果的发生，但必须满足《刑法修正案

（十一）》第 4 条规定的"具有发生重大伤亡事故或者其他严重后果的现实危险"的条件。这种"现实危险"，需要有相关证据予以证明，由于危害后果尚未产生，要获得相关证明往往存在现实困难，这势必给负有安全生产监管职责的行政执法人员带来困境。

就在本书编写过程中，国务院安委会印发《全国重大事故隐患专项排查整治 2023 行动总体方案》，部署各地区、各有关部门和单位全面排查整改重大事故隐患，着力从根本上消除事故隐患、从根本上解决问题，坚决防范遏制重特大事故。为使工程建设参建各方主体及住房和城乡建设主管部门在实践中更好地理解、掌握和执行《判定标准》，充分发挥《判定标准》在提升安全生产工作中的积极作用，精准消除重大事故隐患，我们组织编写了本书。为力争确保《判定标准》条款解读的精准性和实践中执行的可操作性，本书编写有以下特点：

一、基于安全科学理论，对隐患、风险的定义进行了界定，对风险分级管控与隐患排查治理的关系进行了分析，就如何预防控制重大事故隐患进行了阐述，旨在解决实践中由于事故致因机理不清、概念模糊而给安全实务带来的困惑。

二、深刻汲取重特大事故教训，总结分析了近年来房屋市政工程上百起群死群伤事故原因，以预防避免同类生产安全事故为导向，将事故原因、教训作为重大事故隐患的主要判定依据，对没有造成过重大伤亡事故及财产损失的事故原因，原则上不作为判定标准。

三、充分体现房屋市政工程行业特点，确保覆盖施工高危环节和重点部位，聚焦建筑起重机械、基坑工程、模板工程及支撑体系、脚手架工程、拆除工程、暗挖工程、钢结构工程等危险性较大的分部分项工程。

四、基于重大事故隐患可能产生的现实危险，将整改难度大、需要立即全部或局部停产停工方能整改到位，否则随时可能引发安全生产事故的，项目的安全管理缺失、人的不安全行为或物的不安全状态作为判定原则。

五、为确保《判定标准》的精准性和可操作性，本书主要编写人员为参与《判定标准》的执笔人员、涉及的相关法律法规和标准规范的编写人员，以及所选取的重特大事故案例的事故调查组成员以及相关专业的专家。

由于建筑施工安全生产的动态复杂性，本次《判定标准》确定为 2022 版。随着施工生产技术、工艺和设备的不断进步，以及企业安全管理水平的不断提升，目前确定的重大事故隐患有的将会被淘汰不再适用，同时一些新的重大事故隐患也可能会出现。真诚希望大家随时提出宝贵意见，将有利于消除重大事故隐患的先进的技术和管理方法及时反馈，不断修正，为精准消除重大事故隐患，防范化解重大事故风险共同努力。虽然本书是许多人共同的研究成果，但限于笔者水平，缺点和错误在所难免。恳请广大同行和读者随时提出宝贵意见。有任何意见和建议请反馈至：chendawei@cueb.edu.cn。

最后，借此机会感谢住房和城乡建设部工程质量安全监管司的大力支持，感谢住房和城乡建设部科学技术委员会工程质量安全专业委员会的专家们给予本书所分享的智慧和经验，感谢首都经济贸易大学建设安全研究中心、中国建设教育协会建筑安全专委会为本书的出版所付出的辛苦和贡献！

目　　录

一、总　　则

第一条　为准确认定、及时消除房屋建筑和市政基础设施工程生产安全重大事故隐患，有效防范和遏制群死群伤事故发生，根据《中华人民共和国建筑法》《中华人民共和国安全生产法》《建设工程安全生产管理条例》等法律和行政法规，制定本标准。

【解读】

本条是对《判定标准》制定的目的及依据的说明。

《中华人民共和国建筑法》（以下简称《建筑法》）于 1997 年 11 月 1 日颁布，1998 年 3 月 1 日实施，对促进我国建筑业发展起到了重要作用。但目前《建筑法》的一些内容已经不能适应建筑业出现的新特点和新变化，本次《判定标准》条款涉及《建筑法》的内容仅 1 条，由此看出《建筑法》的修订工作迫在眉睫。其余条款依据的是新修订的《中华人民共和国安全生产法》（以下简称《安全生产法》），《安全生产法》已经是第三次修订；2004 年颁布的《建设工程安全生产管理条例》也存在一定的局限性，与当前建筑业高质量发展的新要求存在一定差距，修订工作也应尽快正式纳入议程；部门规章主要为历年来住房和城乡建设部颁布的部长令，以及相关部门指定的强制性标准。

第二条　本标准所称重大事故隐患，是指在房屋建筑和市政基础设施工程（以下简称房屋市政工程）施工过程中，存在的危害程度较大、可能导致群死群伤或造成重大经济损失的生产安全事故隐患。

【解读】

本条是对房屋市政工程生产安全重大事故隐患的定义。

鉴于实践中对隐患、隐患与风险，安全风险分级管控与隐患排查治理（双控体系）的定义、内涵及其相互关系的理解模糊不清和不一致的现状，有必要予以阐述。

（一）事故隐患的定义

2008 年，国家安监总局颁布的《安全生产事故隐患排查治理暂行规定》定义为：生产经营单位违反安全生产法律、法规、规章、标准、规程和安全生产管理制度的规定，或者因其他因素在生产经营活动中存在可能导致事故发生的物的危险状态、人的不安全行为和管理上的缺陷。目前国内工矿商贸行业对于事故隐患的定义都是按照这样描述的。

（二）双重预防机制的内涵

2016年，国务院安委会办公室《关于实施遏制重特大事故工作指南构建双重预防机制的意见》（安委办〔2016〕11号），明确提出：坚持风险预控、关口前移，全面推行安全风险分级管控，进一步强化隐患排查治理，推进事故预防工作科学化、信息化、标准化，实现把风险控制在隐患形成之前、把隐患消灭在事故前面。

2021年，新修订的《安全生产法》第四条要求："生产经营单位必须遵守本法和其他有关安全生产的法律、法规……构建安全风险分级管控和隐患排查治理双重预防机制……"

安全风险分级管控，就是日常工作中的风险管理，包括危险源辨识、风险评价分级、风险管控，即辨识风险点有哪些危险物质及能量，在什么情况下可能发生什么事故，全面排查风险点的现有管控措施是否完好，运用风险评价准则对风险点的风险进行评价分级，然后由不同层级的人员对风险进行管控，保证风险点的安全管控措施完好。

隐患排查治理就是对风险点的管控措施通过隐患排查等方式进行全面管控，及时发现风险点管控措施潜在的隐患，及时对隐患进行治理。

所谓"双重预防"，就是把风险管控好，不让风险管控措施出现隐患，这是第一重"预防"；对风险管控措施出现的隐患及时发现及时治理，预防事故的发生，这就是第二重"预防"。

（三）安全风险分级管控与隐患排查治理的关系

那么，安全风险分级管控和隐患排查治理两者之间到底什么关系呢？是并列的两项工作？是有先后顺序的两项工作？

从上述论述可以看出，安全风险分级管控和隐患排查治理是相互包含的关系：隐患排查治理包含于风险分级管控中。

结合隐患的定义，可以清楚地理解风险分级管控与隐患排查治理的关系，即：对安全风险所采取的管控措施存在缺陷或缺失时就形成事故隐患，这些缺陷缺失包括人的不安全行为、物的不安全状态和管理上的缺陷。

因此，风险分级管控与隐患排查治理不是递进和取代关系，风险管控不好，可能会出现隐患，但此时风险非但没有消失，反而变得更大，隐患不能及时得以治理，则很可能会发生事故。

（四）重大事故隐患的定义

根据原国家安全生产监督管理总局《安全生产事故隐患排查治理暂行规定》第三条：

事故隐患分为一般事故隐患和重大事故隐患。一般事故隐患，是指危害和整改难度较小，发现后能够立即整改排除的隐患。重大事故隐患，是指危害和整改难度较大，应当全部或者局部停产停业，并经过一定时间整改治理方能排除的隐患，或者因外部因素影响致使生产经营单位自身难以排除的隐患。

针对房屋市政工程行业特点，结合事故隐患和重大事故隐患的定义，本条将房屋市政工程生产安全重大事故隐患界定为：施工过程中存在的危害程度较大、可能导致群死群伤或造成重大经济损失的生产安全事故隐患。

基于该定义，《判定标准》对近年来发生的重特大生产安全事故进行了全面梳理，深刻剖析了群死群伤事故原因，系统归纳了工地现场高度危险施工环节，聚焦项目的安全管理缺失、人的不安全行为和物的不安全状态，明确了重大事故隐患判定情形。

　　第三条　本标准适用于判定新建、扩建、改建、拆除房屋市政工程的生产安全重大事故隐患。

　　县级及以上人民政府住房和城乡建设主管部门和施工安全监督机构在监督检查过程中可依照本标准判定房屋市政工程生产安全重大事故隐患。

【解读】

　　本条对《判定标准》的适用范围以及住房和城乡建设主管部门执行该《判定标准》的主体进行了规定。

　　《判定标准》涵盖了房屋市政工程建筑施工生产活动的全过程。规定了县级及以上人民政府住房和城乡建设主管部门和施工安全监督机构为执行该《判定标准》的主体。

　　各地区是否可以对《判定标准》自行扩大或缩小范围未予以说明，但在第十五条规定了"其他严重违反房屋市政工程安全生产法律法规、部门规章及强制性标准，且存在危害程度较大、可能导致群死群伤或造成重大经济损失的现实危险，应判定为重大事故隐患"，因此，本条可以理解为：各地在参照《判定标准》的基础上，也可以根据本地区和工程实际情况，另行增加重大事故隐患判定标准，但不能擅自缩小范围。

二、施工安全管理重大事故隐患

第四条 施工安全管理有下列情形之一的，应判定为重大事故隐患：

（一）建筑施工企业未取得安全生产许可证擅自从事建筑施工活动。

【解读】

2004年1月，国务院颁布《安全生产许可证条例》，规定"国家对矿山企业、建筑施工企业和危险化学品、烟花爆竹、民用爆炸物品生产企业实行安全生产许可制度。企业未取得安全生产许可证的，不得从事生产活动。"

依照《安全生产许可证条例》，为推进安全生产许可制度在建筑施工领域的实施，住房和城乡建设部（原建设部）于2004年颁布了《建筑施工企业安全生产许可证管理规定》，此后相继制定出台了《建筑施工企业安全生产许可证管理规定实施意见》（建质〔2004〕148号）、《关于严格实施建筑施工企业安全生产许可证制度的若干补充规定》（建质〔2006〕18号）、《建筑施工企业安全生产许可证动态监管暂行办法》（建质〔2008〕121号）等一系列部门规章及规范性文件，对建筑施工企业安全生产条件、安全生产许可证的申请与颁发、监督管理以及处罚等方面做了详细规定，建立了比较完善的建筑施工企业安全生产许可制度体系。

事故发生在现场，但根源在市场。对建筑施工企业实施安全生产许可证管理，目的是从源头上控制市场准入，保证只有符合资格的施工企业才能从事建筑产品生产活动，从而最大限度保障工人安全。该制度实施以来，对于建筑施工企业加大安全生产投入，提升建筑施工企业及项目安全生产条件和安全生产管理水平，防止和减少建筑施工生产安全事故发挥了重要作用。

当前，随着我国工程建设规模的不断扩大和工程建设领域改革发展的不断深化，建筑施工企业安全生产许可制度在实践中逐步暴露出一些问题，如：目前规定的安全生产条件已不能完全客观地反映企业安全生产能力、许可证颁发后不能实时对企业安全生产进行动态监管、对发生生产安全事故的不同资质等级的企业采取扣证的处罚措施、颁发安全生产许可证的住建部门难以掌握专业建设工程（铁道、水利、交通等）的安全生产条件变化情况、缺乏对工程总承包企业的安全生产许可相应规定等。其中，发生生产安全事故后暂扣或吊销企业安全生产许可证的处罚措施是当前行业内关注的焦点，暂扣或吊销安全生产许可证对于企业的影响很大，尤其是一些大型企业，其承建的工程项目规模大、数量多，项目可能遍布全国各地，如果企业因其中一个项目出现问题被暂扣或吊销安全生产许可证，在此期间就不能参加招标投标活动和承揽新业务，给企业生产经营活动造成巨大损失。

　　建筑施工企业安全生产许可制度在实践中所暴露出来的上述问题，很大程度上是由于建筑业自身特点与安全许可规定不相适应带来的，也有一部分是安全许可规定的内容无法反映建筑业快速发展所带来的一系列新问题。从目前来看，安全生产许可制度仍然是保障建筑施工企业安全生产的最重要制度之一，但亟需结合当前建筑业高质量发展的要求，对建筑施工企业安全许可制度重新进行审视和科学分析，使这项制度在新形势下最大程度发挥其保障建筑施工安全生产的积极作用。

　　（二）施工单位的主要负责人、项目负责人、专职安全生产管理人员未取得安全生产考核合格证书从事相关工作。

【解读】

　　事故致因理论及大量事故案例经验教训表明，管理缺陷是造成事故发生的重要间接原因。近年来，在建筑施工生产安全事故调查过程中发现，几乎所有的事故间接原因都存在企业主要负责人、项目负责人（项目经理）和安全管理人员法律意识与安全风险意识淡薄、安全管理机构不健全、安全管理人员配备不足、安全生产管理知识欠缺、安全生产管理能力不能满足安全生产需要等共性问题。尤其是决定企业安全生产工作的主要负责人（关键少数），由于企业主要负责人责任不落实，安全观念意识淡薄，在企业安全生产投入和保障方面不积极、不支持，是造成企业违法违规行为屡禁不止、事故易发多发的重要原因之一，是企业安全生产的最大隐患。因此，2022 年全国安全生产月主题确定为"遵守安全生产法，当好第一责任人"。抓住"关键少数"，推动企业法定代表人、实际控制人、实际负责人自觉把安全放在第一位，切实担负起"第一责任人"法定职责。只有企业负责人的支持和推动，健全的安全管理体系和良好的安全文化氛围才得以形成，优良的安全绩效才能得以根本实现。

　　本条款主要依据：

　　1.《安全生产法》

　　第二十七条　生产经营单位的主要负责人和安全生产管理人员必须具备与本单位所从事的生产经营活动相应的安全生产知识和管理能力。

　　危险物品的生产、经营、储存、装卸单位以及矿山、金属冶炼、建筑施工、道路运输单位的主要负责人和安全生产管理人员，应当由主管的负有安全生产监督职责的部门对其安全生产知识和管理能力考核合格。考核不得收费。

　　2.《建筑施工企业主要负责人、项目负责人和专职安全生产管理人员安全生产管理规定》（住房和城乡建设部第 17 号令）

　　第二条　在中华人民共和国境内从事房屋建筑和市政基础设施工程施工活动的建筑施工企业的"安管人员"，参加安全生产考核，履行安全生产责任，以及对其实施安全生产监督管理，应当符合本规定。

　　3.《建筑施工企业安全生产许可证管理规定》

　　第四条　建筑施工企业取得安全生产许可证，应当具备下列安全生产条件：

　　（四）主要负责人、项目负责人、专职安全生产管理人员经建设主管部门或者其他有关部门考核合格。

（三）建筑施工特种作业人员未取得特种作业人员操作资格证书上岗作业。

【解读】

　　建筑施工特种作业人员，是指在房屋建筑和市政工程施工活动中，从事可能对本人、他人及周围设备设施的安全造成重大危害作业的人员。特种作业岗位危险性较大，对人员专业能力要求较高。近年来，由于特种作业岗位人员未经培训、未取得特种作业资格岗位证书，不具备基本的安全技能而造成的事故时有发生，而且往往是群死群伤事故，如2018广东省汕头市"4·9"施工升降机坠落较大事故（4人死亡），2019年河北省衡水市"4·25"施工升降机坠落事故（11人死亡），2020广西壮族自治区玉林市"5·16"塔式起重机倒塌较大事故（6人死亡），都是作业人员在不具有特种作业操作资格证书的情况下，擅自操作施工升降机和塔式起重机造成的，暴露出特种作业人员专业能力不足的问题。特种作业人员既是造成伤亡事故的肇事者，也是伤亡事故的受害者，几乎每起特种作业事故都有人员资格证书的问题，要么无证书，要么假证书，要么有证书无能力，因此，结合建筑业当前发展的新形势和新要求，亟需在特种作业人员的从业年龄、考核发证、工种范围、理论知识和实操技能、继续教育、日常监督管理等方面做出全新的规定，确保取得资格证书的特种作业人员真正具备从事危险作业的各项技能和要求。

　　本条款主要依据：

　　1.《中华人民共和国特种设备安全法》第十三条：

　　特种设备生产、经营、使用单位应当按照国家有关规定配备特种设备安全管理人员、检测人员和作业人员，并对其进行必要的安全教育和技能培训。

　　2.《安全生产法》第三十条：

　　生产经营单位的特种作业人员必须按照国家有关规定经专门的安全作业培训，取得相应资格，方可上岗作业。

　　特种作业人员的范围由国务院应急管理部门会同国务院有关部门确定。

　　3.《建设工程安全生产管理条例》第二十五条：

　　垂直运输机械作业人员、安装拆卸工、爆破作业人员、起重信号工、登高架设作业人员等特种作业人员，必须按照国家有关规定经过专门的安全作业培训，并取得特种作业操作资格证书后，方可上岗作业。

　　4.《建筑施工特种作业人员管理规定》第三条：

　　建筑施工特种作业包括：

　　（一）建筑电工；

　　（二）建筑架子工；

　　（三）建筑起重信号司索工；

　　（四）建筑起重机械司机；

　　（五）建筑起重机械安装拆卸工；

　　（六）高处作业吊篮安装拆卸工；

（七）经省级以上人民政府建设主管部门认定的其他特种作业。

（四）危险性较大的分部分项工程未编制、未审核专项施工方案，或未按规定组织专家对"超过一定规模的危险性较大的分部分项工程范围"的专项施工方案进行论证。

【解读】

专项施工方案是危大工程管理的核心，也是有效管控和化解重大事故风险的重要抓手。自危大工程管理制度实施以来，危大工程专项施工方案编制工作得到了施工单位及相关单位和监管部门的广泛重视，方案编制的覆盖面及编制水平均有了很大提升，对有效遏制较大及以上事故发生发挥了重要作用。近年来，房屋建筑和市政基础设施工程较大及以上安全事故仍时有发生，如广东省珠海市"7•15"透水重大事故，上海市长宁区"5•16"厂房坍塌重大事故等。这些事故造成了严重的生命财产损失和不良社会影响，究其原因，都与危大工程专项施工方案有关。在方案的编制、审核、专家论证、交底各个环节均出不同程度的问题，如施工风险管控措施不当、应急措施针对性不强，甚至出现了违反法律法规及标准规范等问题，尤其在现场施工环节不按照方案施工而造成的重大伤亡事故的案例更是屡见不鲜。

本条款主要依据《危险性较大的分部分项工程安全管理规定》第三章专项施工方案：

第十条 施工单位应当在危大工程施工前组织工程技术人员编制专项施工方案。

实行施工总承包的，专项施工方案应当由施工总承包单位组织编制。危大工程实行分包的，专项施工方案可以由相关专业分包单位组织编制。

第十一条 专项施工方案应当由施工单位技术负责人审核签字、加盖单位公章，并由总监理工程师审查签字、加盖执业印章后方可实施。

危大工程实行分包并由分包单位编制专项施工方案的，专项施工方案应当由总承包单位技术负责人及分包单位技术负责人共同审核签字并加盖单位公章。

第十二条 对于超过一定规模的危大工程，施工单位应当组织召开专家论证会对专项施工方案进行论证。实行施工总承包的，由施工总承包单位组织召开专家论证会。专家论证前专项施工方案应当通过施工单位审核和总监理工程师审查。

专家应当从地方人民政府住房城乡建设主管部门建立的专家库中选取，符合专业要求且人数不得少于5名。与本工程有利害关系的人员不得以专家身份参加专家论证会。

第十三条 专家论证会后，应当形成论证报告，对专项施工方案提出通过、修改后通过或者不通过的一致意见。专家对论证报告负责并签字确认。

专项施工方案经论证需修改后通过的，施工单位应当根据论证报告修改完善后，重新履行本规定第十一条的程序。

专项施工方案经论证不通过的，施工单位修改后应当按照本规定的要求重新组织专家论证。

三、基坑工程重大事故隐患判定标准

第五条 基坑工程有下列情形之一的，应判定为重大事故隐患：

（一）对因基坑工程施工可能造成损害的毗邻重要建筑物、构筑物和地下管线等，未采取专项防护措施。

【解读】

近年来，随着城市化建设规模的扩大，基础施工、地下交通、地下综合体、地下市政设施、地下综合管廊等工程的基坑开挖过程中的风险不断加大。基坑工程是大型的土体开挖工程，其直接影响是引起周围土体应力应变的重分布，导致周围土层的移动，产生较大的地表沉降和不均匀沉降，对毗邻建筑物、周边环境产生不利影响，尤其因建设单位和施工单位地下管线的保护意识的欠缺，导致市政给水排水、供热、绿化、燃气、电力电缆、通信线缆等地下管线频繁遭到损坏，造成重大事故隐患，同时也造成工程局部或全面停工，并导致施工成本的增大和工期的延误。

本条对建设单位、施工单位在基坑施工过程中对毗邻重要建筑物、构筑物和地下管线进行专项保护进行了规定。

1.《建筑法》第三十九条：……施工现场对毗邻的建筑物、构筑物和特殊作业环境可能造成损害的，建筑施工企业应当采取安全防护措施。

《建筑法》第四十条：建设单位应当向建筑施工企业提供与施工现场相关的地下管线资料，建筑施工企业应当采取措施加以保护。

2.《建设工程安全生产管理条例》第六条：建设单位应当向施工单位提供施工现场及毗邻区域内……有关资料，并保证资料的真实、准确、完整。

《建设工程安全生产管理条例》第三十条：施工单位对因建设工程施工可能造成损害的毗邻建筑物、构筑物和地下管线等，应当采取专项防护措施……

3.《建筑地基基础工程施工规范》GB 51004—2015 第3.0.4条：基坑工程施工前应做好准备工作，分析工程现场的工程水文地质条件、邻近地下管线、周围建（构）筑物及地下障碍物等情况。对邻近的地下管线及建（构）筑物应采取相应的保护措施。

4.《建筑深基坑工程施工安全技术规范》JGJ 311—2013 第11.3.7条：邻近建（构）筑物、市政管线出现渗漏损伤时，应立即采取措施，阻止渗漏并应进行加固修复，排除危险源。

【事故案例】

案例 1：2017 年吉林省松原市"7·4"燃气管道爆炸事故

事故简介： 2017 年 7 月 4 日 13 时 23 分许，吉林省松原市宁江区繁华路发生城市燃气管道泄漏爆炸事故，造成 7 人死亡（其中，当场死亡 5 人，住院医治无效死亡 2 人），80 多人受伤。

事故经过： 2017 年 7 月 4 日 13 时 23 分许，松原市某建设有限公司在对松原市市政公用基础设施建设项目（三标段）繁华路（乌兰大街至五环大街段）道路改造工程，实施旋喷桩基坑支护施工时，旋喷桩机将吉林浩源燃气有限公司在该路段埋设的燃气管道（材质 PE，管径 110mm，工作压力 0.3MPa，埋深 3.9m）贯通性钻漏，造成燃气（天然气，下同）大量泄漏，扩散至道路南侧的松原市人民医院（以下简称市医院）总务科平房区和道路北侧的市医院综合楼内，积累达到爆炸极限。14 时 51 分 26 秒，市医院总务科平房内的燃气遇随机不明点火源发生爆炸，爆炸能量瞬即波及并传递引爆泄漏点周边区域爆炸气体，市医院总务科平房区和市医院综合楼及周围部分房屋倒塌、起火燃烧及设备设施毁损（图 1），造成人员伤亡。

图 1　燃气管道泄漏爆炸后现场

事故原因： 施工企业在实施道路改造工程旋喷桩施工过程中，未经专家论证通过、未制定燃气设施保护方案并采取安全保护措施、未探明燃气管线埋设深度和实质位置、未对地下管网资料进行核实、未采取专项保护措施，盲目施工钻漏地下中压燃气管道，导致燃气［主要成分甲烷，相对密度（空气＝1）0.5548］大量泄漏（图 2），扩散到附近建筑物空间内，并积累达到爆炸极限（5%～15.4%），遇随机不明点火源引发爆炸（图 3）。

图2　燃气管道挖断泄漏点

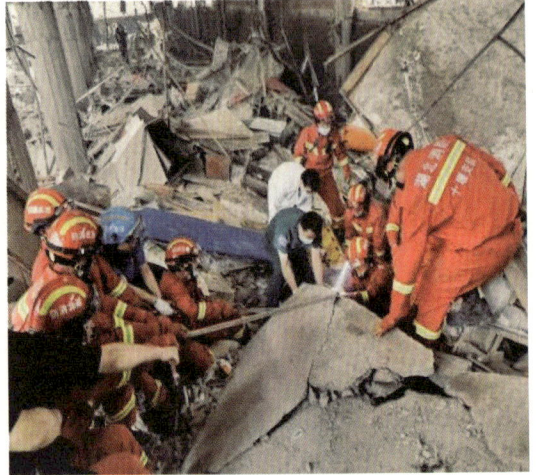

图3　事故现场救援

案例2：2019年四川省成都市"9·26"基坑坍塌较大事故

事故简介： 2019年9月26日21时10分许，四川省成都市金牛区某商业楼西北侧基坑边坡突然发生局部坍塌，事故共造成3人死亡，直接经济损失500余万元。

事故经过： 2019年9月26日21时10分许，该工程项目经理部劳务分包单位工长贾某伟，带领工人方某刚、周某云在该商业楼基坑西侧进行柱墩基础钢筋制作过程中，紧邻的基坑壁突然发生局部坍塌，塌落的砂土将三人掩埋（图1～图3）。

事故原因： 该商业楼基坑开挖放坡系数不足且未支护，基坑边缘距现场施工主车道距离过近，边坡承受荷载过大，不同工序、工种间作业协调不到位。基坑垮塌部位旁为小型绿化区且未硬化封闭，不排除绿化水对周边边坡土质也产生了不利影响。基坑开挖后未采取专项保护措施，侧壁砂土在自然与人为双重影响作用下发生局部坍塌，造成生产安全责任较大事故。

图1　基坑开挖后未支护

图2　基坑开挖后未专项保护

图 3　基坑坍塌事故现场

案例 3：2021 年湖南省郴州市"6·19"较大房屋坍塌事故

事故简介： 2021 年 6 月 19 日 12 时 37 分，湖南省郴州市发生一起居民自建房坍塌事故，造成 5 人死亡，7 人受伤，直接经济损失 734 万元。

事故经过： 2021 年 6 月 19 日，何某联系挖掘机师傅何某峰和两名拖渣土司机前来开挖地基，当天 6 时 30 分，放完鞭炮后开始施工。何某按照其父何某养的交代，要求何某峰操作挖掘机开挖地基时，要比隔壁何某勇的房屋基底挖深 100mm。何某峰从西北角靠何某勇房屋位置开始开挖，开挖初始发现地基土质较差，基本为烂泥，开挖实际深度 1.4～1.5m，长度约 9m。至 11 时 50 分左右，因外运渣土污染房前道路，被巡查的县城管局执法人员发现，当场责令其停工整改并暂扣了运土车辆。随后，何某、何某峰、何某养等人陆续离开施工现场准备去吃中饭。12 时 35 分，县城管局执法人员驱车离开现场。12 时 37 分左右，何某勇房屋整体向西南侧倾覆坍塌，并将洗车棚压倒，共造成 12 人被困于坍塌房屋内（其中洗车棚内 1 人），何某峰停靠在施工现场的挖掘机被压入土中。经过 18h 全力救援，至 6 月 20 日 5 时 50 分许，12 名被困人员全部救出。其中，7 人生还，5 人遇难（图 1～图 3）。

图 1　事故房屋坍塌现场照片（俯视）

图 2　事故房屋坍塌现场照片（侧视）

图 3　坍塌房屋整板基础断裂带照片

事故原因：拟重建房屋房主未向地基开挖人员提供毗邻建筑物的有关资料、未对地基开挖可能造成损害毗邻建筑物的潜在安全风险采取专项防护措施，拆除拟重建房屋在一定程度影响了该处地基土的整体受力平衡，加之拟重建房屋地基开挖顶面低于坍塌房屋基础底部 200～300mm，改变了坍塌房屋地基土的侧向约束，导致地基土下沉滑移，地基承载力出现单侧降低，基础不均匀下沉及断裂，致使房屋整体倾覆并迅速坍塌。

案例 4：2021 年安徽省六安市"7·28"道路改造燃气管道泄漏事故

事故简介：2021 年 7 月 28 日 7 时许，安徽省六安市主城区某路改造工程施工过程中，挖掘机将一处燃气管道挖断，大量燃气泄漏并被引燃起火。事发现场位于市主城区，场所人员密集，后经应急处置，未造成人员伤亡，但造成周围 21 个居民小区约 1.7 万户停气和一定经济损失。

事故经过：2021 年 7 月 28 日 6 时许，安徽某公司箱涵施工劳务班组长杨某明电话联系技术员汪某刚，请求安排一台挖掘机到解放南路与齐云路交叉口进行清淤作业。汪某刚通过电话安排翁某荣前去驾驶挖掘机（停在事发处附近道路围挡内），未向施工单位报告，未通知相关管线产权单位到场监督。6 时 30 分左右，杨某明安排翁某荣对交叉口地下箱涵东侧基坑进行清淤作业（对箱涵旁积水坑内的石块和淤泥进行清理），然后回到工地围挡外车内躲雨。7 时 22 分，翁某荣操作的挖掘机将燃气管道挖断（断面约 37cm×10cm，图 2），燃气泄漏并夹带水汽向上扩散。7 时 27 分，泄漏的燃气遇到上方电力电气设施发生着火燃烧（图 1～图 3）。

事故原因：作为建设单位，未按规定办理工程建筑施工许可而先行组织开工；未认真收集汇总有关工程地质、水文、周边环境和管线的资料并组织召开书面交底会，未认真督促施工单位、劳务单位等按现有管线保护方案进行作业，导致挖掘机进行清淤作业时将燃气管道挖断，燃气大量泄漏并夹带水汽向上扩散后，被附近的电力电气设施引燃，是该起事故的直接原因。

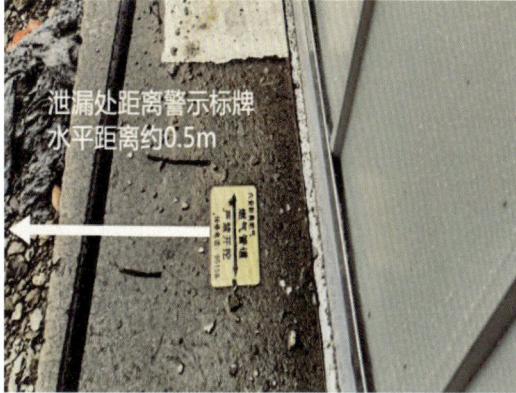

图 1　路面燃气管道警示标牌

图 2　燃气管道断面处

图 3　燃气泄漏后着火现场

案例 5：2021 年广东省深圳市龙岗区"8·22"燃气泄漏事故

事故简介： 2021 年 8 月 22 日 15 时 13 分许，龙岗区某学校校门升级改造工程第三方施工过程中不慎将一根中压燃气管道挖破，事故导致燃气微量泄漏，虽无人员伤亡，但造成直接经济损失 873 万元。

事故经过： 2021 年 8 月 8 日，深圳市某建设有限公司现场管理人员冯某雄致电挖掘机司机曾某峰租用挖掘机到该学校进行施工。8 月 22 日 8 时许，曾某峰驾驶挖掘机到该学校校门旁道路进行破土施工作业，冯某雄在旁指挥曾某峰作业。9 时 10 分许，市燃气集团巡查员郑某城巡查时发现该学校校门旁道路的挖掘机，便上前询问施工内容，冯某雄告知不需进行开挖作业，拒绝签收协调函和燃气保护协议，郑某城使用红色喷漆在路面做好燃气管线走向的标识后，口头告知冯某雄燃气管线的走向，便将现场情况向市燃气集团

13

巡查队长赵某报告，赵某回复加强巡查。14时许，冯某雄指挥曾权峰作业，曾某峰操作挖掘机进行基坑开挖作业。15时13分许，冯某雄、曾某峰发现将地下燃气管道挖破燃气泄漏，立即拨打燃气抢修电话和119火警电话（图1、图2）。

图1　燃气泄漏管道图

图2　门桩基坑图

事故原因： 施工单位在燃气管道控制范围内未采取人工探挖查明地下管线分布，在管线不明的情况下违章指挥作业，挖掘机进行基坑开挖作业时，挖破地下燃气管线。

（二）基坑土方超挖且未采取有效措施。

【解读】

本条规定了在基坑土方开挖过程中必须按照设计要求，按照工序逐层逐步开挖，不得超过设计深度，严禁进行超挖。基坑支护结构必须在达到设计要求的强度后，才能开挖下层土方，严禁提前开挖和超挖。这是为了确保基坑土方开挖的安全稳定，防止因土方开挖不当导致的基坑坍塌、支撑结构受损或者对周边建筑物和地下管线等的损害。

主要依据来源于：

1.《建筑施工土石方工程安全技术规范》JGJ 180—2009 第6.3.2条：基坑支护结构必须在达到设计要求的强度后，方可开挖下层土方，严禁提前开挖和超挖。施工过程中，严禁设备或重物碰撞支撑、腰梁、锚杆等基坑支护结构，亦不得在支护结构上放置或悬挂重物。

2.《建筑与市政地基基础通用规范》GB 55003—2021 第7.4.3条第1款：基坑土方开挖的顺序应与设计工况相一致，严禁超挖……

【事故案例】

案例1：2016年河北省石家庄市某电厂"8·7"基坑坍塌事故

事故简介： 2016年8月7日，河北省石家庄市某废热利用项目箱涵顶出面施工现场发生基坑侧壁坍塌事故,造成 3 人死亡,1 人重伤,直接经济损失约 350 万元。

事故经过: 2016 年 8 月 5 日 15 时许,某公司施工人员对事故基坑进行开挖,第一步开挖深度至 5m,并于当晚完成。6 日晚,对已开挖的南侧坡面修整后喷射护面混凝土,并开始第二步开挖,至 7 日早晨开挖深度至 9m。7 日上午,史某带领 4 名工人开始搭设架体,进行土钉作业,在 3.8m、5m 深处完成两道钻孔、植入杆体和注浆施工作业,然后完成横向加强筋的焊接,12 时开始第三步土方开挖。14 时 50 分,护坡工人进入坑内进行挂网作业,15 时开挖深度至 11.2m。15 时 20 分许,基坑侧壁坍塌,致使坑内的 5 名作业人员被埋,其中 3 人死亡,1 人送医院进行救治,1 人未受伤(图 1、图 2)。

| 图 1 基坑坍塌现场 | 图 2 基坑侧壁坍塌 |

事故原因: 这是典型的因基坑违规超挖和未及时支护造成的生产安全事故。施工单位基坑超挖后,土钉孔径偏小,杆体强度及钉头拉结强度不足,面层配筋量偏小、厚度不够;在灌浆混凝土强度未达到规范要求情况下,进行下一道工序施工,间隔时间短,施工组织安排不合理。

案例 2:2019 年江苏省扬州市"4·10"基坑坍塌较大事故

事故简介: 2019 年 4 月 10 日 9 时 30 分左右,扬州市广陵区某拆迁安置小区四期 B2 地块一停工工地,施工单位擅自进行基坑作业时发生局部坍塌,造成 5 人死亡、1 人受伤,事故造成直接经济损失约 610 万元。

事故经过: 该项目于 2018 年 10 月 16 日开工,事发时该项目处于住宅地基开挖阶段。其中,B104 号住宅楼基坑设计开挖深度 7.2m,实际开挖深度 6.5m。第四级设计坡高 2.45m,实际坡高 3.21m;设计坡比 1:0.70~1:0.80,实际坡比 1:0.42。施工单位未按照设计坡比要求进行放坡,其间曾多次在监理例会上被要求进行整改。施工单位在未通过验收的情况下又对 B104 号住宅楼边坡进行了挂网喷浆作业,且未按照施工质量要求浇筑挂网喷浆混凝土(图 1~图 3)。

事故原因: 施工单位未按施工设计方案施工,在未采取防坍塌安全措施的情况下,紧邻 B104 号住宅楼基坑边坡脚垂直超深开挖电梯井集水坑,基坑超挖后支护未能及时跟进,降低了基坑坡体的稳定性,且坍塌区域坡面挂网喷浆混凝土未采用钢筋固定,最终导致事故发生。

图 1　基坑开挖放坡比例

图 2　事故救援现场

图 3　基坑坍塌事故现场

案例 3：2020 年广东省广州市"11·23"较大坍塌事故

事故简介： 2020 年 11 月 23 日 14 时 34 分许，位于广东省广州市增城区派潭镇高滩村的某酒店有限公司二期项目中，发生一起施工边坡坍塌事故，事故造成 4 人死亡，直接经济损失约 844.79 万元。

事故经过： 11 月 23 日 14 时许，基槽修整完成，两台挖掘机先后开出基槽。14 时 30 分许，某公司施工人员杨某高下到基槽内检查基槽开挖情况。约 14 时 34 分突发山体坍塌，导致杨某高下半身被埋，该公司施工人员陈某松立即大声呼叫并组织附近人员蒋某宏、彭某球、张某青、郭某分、范某、李某东等人进行救援。约 14 时 38 分，山体发生二次坍塌，导致正在救援的陈某松、蒋某宏、彭某球被埋，共造成 4 名人员被坍塌掩埋。经全力抢险救援，至 11 月 23 日 19 时许，该 4 名人员已全部找到，其中 2 人送医抢救无效宣布死亡，另外 2 人当场证实死亡。事故共造成 4 人死亡（图 1～图 3）。

图 1　第一次坍塌 　　　　　　　　图 2　第二次坍塌

图 3　事故坍塌全貌

　　事故原因：违规开挖，形成高陡边坡。施工单位在山体开挖过程中未按照施工图要求和专项方案采取从上至下分层分段的开挖顺序进行，未采取削坡、放坡、支护等安全技术措施，违规作业，形成重大安全隐患；项目部未根据安全专项施工方案要求做好施工前准备，未对边坡进行支护并经检测合格，冒险作业，继续掏挖山体并开挖基槽，最终导致坍塌。

　　（三）深基坑施工未进行第三方监测。

【解读】

　　本条主要依据来源于《建筑基坑工程监测技术标准》GB 50497—2019 第 3.0.3 条：基

坑工程施工前，应由建设方委托具备相应能力的第三方对基坑工程实施现场监测。监测单位应编制监测方案，监测方案应经建设方、设计方等认可，必要时还应与基坑周边环境涉及的有关管理单位协商一致后方可实施。

【事故案例】

案例 1：2014 年广东省佛山市"11·10"较大建筑工地坍塌事故

事故简介： 2014 年 11 月 10 日 17 时 20 分左右，位于广东省佛山市南海区某大厦工程基坑发生坍塌，造成 3 人死亡、1 人受伤、直接经济损失 275 万元的较大建筑工地坍塌事故。

事故经过： 2014 年 11 月 10 日 14 时，佛山市南海区某建筑工程有限公司某大厦项目部安排劳务班组 5 人在基坑西北侧进行承台砖模修边施工。17 点 20 分，基坑西侧偏北段突然发生局部坍塌，约 3min 后，发生二次塌方。塌方段总长约 36m，坍塌土方约 400m^3。附近作业的 5 名工人中，1 人安全撤离；1 人轻伤，被紧急送医；3 名工人被坍塌的土方掩埋（图1、图2）。

图 1　事故现场　　　　　　　　　　图 2　事故现场救援搜救

事故原因： 该大厦项目施工单位违反施工方案、施工流程进行施工，相邻工地奥丽依项目违法施工对事故单位的基坑安全造成不利影响，第三方监测单位未尽监测职责，未及时预报。监测单位提供的检测报告显示 11 月 7～11 月 9 日的基坑水平位移速率明显加快，但监测单位未及时预警预报该公司制作的监测方案有错漏，并且没有按照监测方案开展监测。

案例 2：2018 年宁夏回族自治区银川市"3·13"沉井坍塌较大事故

事故简介： 2018 年 3 月 13 日上午 8 时 35 分许，在银川市某污水处理厂配套进出厂管道工程二标段（以下简称"九污管道工程"）工地，作业人员在顶管作业井（顶管作业井名称"W25 加井"，该井位于九污管道工程 W25～W26 井段之间）内清土、砌护作业时，顶管作业井发生坍塌，造成 4 人死亡、1 人轻伤，直接经济损失 479.86 万余元。

事故经过： 2018年3月13日7时40分左右，于某兴、兰某明、王某、王某锋、禹某峰、马某强以及于某哈（以上均为李某三组织的人员）到现场继续作业。其中，马某强、兰某明、禹某峰在井内清除壁东侧预留的30~50cm深土方，于某哈、王某、王某锋在井外拌灰、取钢筋，于某兴在井外协调。8时左右，王某、王某锋也下入井内清除内壁预留土方。预留土方清除完后，又继续向外清土24cm深，用于砌筑第三层预支护。土方基本清理完毕后开始做预支护，马某强、禹某峰砌砖，王某锋递砖，王某铲灰，兰某明继续清除井内壁西侧土方。8时35分左右，井内壁东侧未支护土方坍塌，引发内壁东侧整体坍塌。事故共造成4人死亡、1人受伤，直接经济损失479.86万余元（图1、图2）。

图1　基坑坍塌事故现场

图2　事故现场救援

事故原因： 该竖井开挖深度7.5m，属于超过一定规模的危大工程，具有较大的坍塌风险，需要有资质的专业单位进行支护设计。该工程支护方案未经专业单位设计，而是由施工单位提出的不符合现行规范要求的"土办法"——砖墙支护方案，该方案未组织专家论证，也未委托第三方实施监测。

案例3：2019年河北省廊坊市"6·16"基坑坍塌较大事故

事故简介： 2019年6月16日上午10时30分，河北省廊坊市某家园非人防地下室（旧城改造项目）基坑西侧边坡发生坍塌事故，5人被埋。事故造成3人死亡，2人受伤，直接经济损失446.3万元。

事故经过： 2019年6月16日，因当日5时开始持续降雨，上午10时，某公司本项目临时负责人发现某家园非人防地下室基坑西侧北部边坡上部出现开裂、土袋护坡鼓包现象，便带领四名施工人员使用铁锹往编织袋装土，采用编织袋码垛方式对边坡实施加固。10时30分，边坡失稳发生坍塌，导致5名排险人员被泥土掩埋，2人被及时救出生还，3人死亡（图1、图2）。

事故原因： 该家园非人防地下室项目，深基坑土质松软，未分级放坡、未设置支护结构、未按照规定委托第三方机构对深基坑工程进行监测；临时项目负责人在未充分辨识风险的情况下，雨天排险过程中违章指挥、冒险作业，致使本就稳定性差的边坡坍塌造成人员被埋。

图 1　坍塌事故现场 　　　　　　图 2　事故现场救援

（四）有下列基坑坍塌风险预兆之一，且未及时处理：

1. 支护结构或周边建筑物变形值超过设计变形控制值。

【解读】

本条规定依据主要来源于：

1）《建筑与市政地基基础通用规范》GB 55003—2021 第 7.4.8 条：基坑工程监测数据超过预警值，或出现基坑、周边建（构）筑物、管线失稳破坏征兆时，应立即停止基坑危险部位的土方开挖及其他有风险的施工作业，进行风险评估，并采取相应的应急处置措施。

2）《建筑施工土石方工程安全技术规范》JGJ 180—2009 第 6.4.1 条、第 6.4.4 条：

6.4.1　深基坑开挖过程中必须进行基坑变形监测，发现异常情况应及时采取措施。

6.4.4　当基坑开挖过程中出现位移超过预警值、地表裂缝或沉陷等情况时，应及时报告有关方面。出现塌方险情等征兆时，应立即停止作业，组织撤离危险区域，并立即通知有关方面进行研究处理。

3）《建筑基坑工程监测技术标准》GB 50497—2019 第 8.0.2 条：基坑支护结构、周边环境的变形和安全控制应符合下列规定：3　对周边已有建筑引起的变形不得超过相关技术标准的要求或影响其正常使用；

4）《岩土锚杆与喷射混凝土支护工程技术规范》GB 50086—2015 第 9.1.6 条：基坑锚固支护结构和周围土体的变形不得超过允许值。变形允许值及警戒值可根据支护结构稳定控制、周边建构筑物及管线变形控制要求，按国家现行有关标准规定及当地经验确定。

【事故案例】

案例 1：2019 年甘肃省庆阳市"5·4"基槽坍塌较大事故

事故简介：2019 年 5 月 4 日 18 时 01 分，甘肃省庆阳市合水县某截污控源工程，在施工过程中发生一起基槽壁土方坍塌的较大事故,造成4人死亡、直接经济损失348万元。

事故经过: 2019年5月4日7时上班后,20多名工人先对某学校对面的路面渗水砖进行剥离,挖掘机进行土方开挖,挖成宽度1m、深度4.9m的基槽,开挖土方堆放在基槽北侧边沿。至12时下班前,基槽掘进长度60m。14时上班后,挖掘机对剩余约10m长的基槽继续进行开挖,作业人员跟进开展清槽、敷设管道。至17时10分,此段基槽全线贯通。一部分作业人员铺设管道,其他作业人员在基槽采用竹架板作挡板、扣件式钢管作支撑实施局部简易支护作业。17时40分许,位于"某文汇店"门前的基槽北侧槽壁局部坍塌,其中1名作业人员腰部及以下被土方掩埋,正在10m以外进行管道敷设作业人员立即爬至基槽上部把基槽边沿堆积的土方往外挖,此时,基槽北侧槽壁随即发生大面积坍塌。故发生后,立即拨打110、120求救,最终4人经抢救无效先后死亡,直接经济损失348万元(图1)。

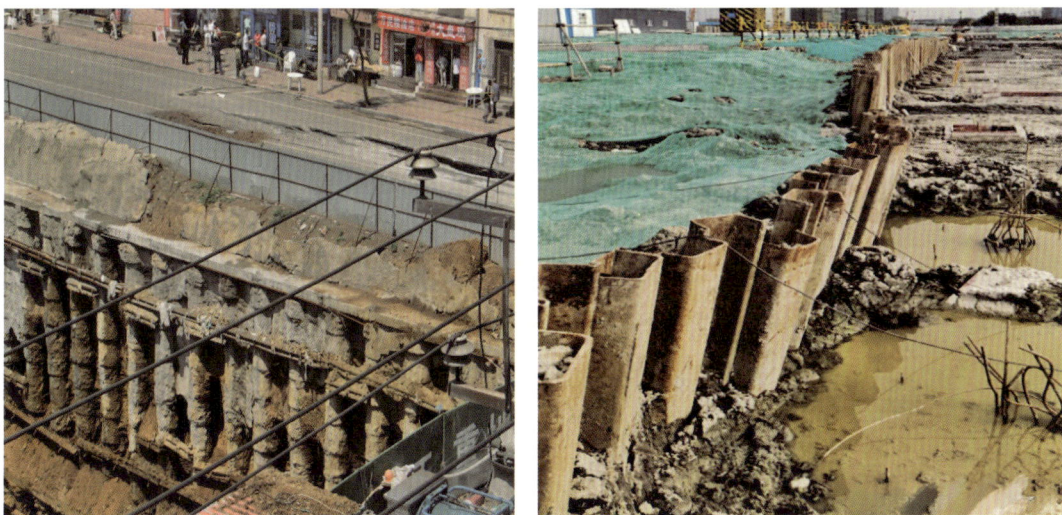

图1 基坑坍塌前征兆

事故原因: 经勘察,坍塌处位于"某文汇店"门前2.4m的基槽北侧,基槽宽度1.1m、深度4.9m,塌方长度9.7m,坍塌土方量约50m³。事发地段土质含水量为21.4%~24.7%,原状土密实度为1.34~1.37g/cm³。该工程项目在开挖基槽时未按照设计要求采取放坡(几乎直壁开挖)、基槽壁未采取支护,基槽北侧堆放大量土方,基槽土质疏松、土壤含水率大,进一步增加了基坑侧壁所受的土压力,致使沟槽北侧土层局部压切破坏,是导致本起事故发生的直接原因。

案例2:2019年贵州省贵阳市"10·28"地下室坍塌较大事故

事故简介: 2019年10月28日16时21分左右,贵阳市某广场二期T4栋及地下室、C2-2栋商业项目的10区段地下室,发生1起较大坍塌事故,造成8人死亡、4人受伤,直接经济损失1728.6万元。

事故经过: 2019年10月28日,劳务公司木工班班长组织11名作业人员对10区段负一层模板拆除，另外组织 3 人负责现场模板清理工作。15 时 40 左右，作业人员到负二层做洞口防护扫地杆。16 时 21 分左右，地下室 10 区段整体突然发生坍塌。事故发生后，现场人员立即展开救援，并拨打了 119、120 急救电话，经全力救援，事故共造成 8 人死亡、4 人受伤，事故直接经济损失为 1728.6 万元（图 1）。

图 1　坍塌事故现场

梁板混凝土设计强度等级均为 C30，柱混凝土设计强度等级均为 C40。底板与基础、人工挖孔灌注桩、防水混凝土底板（厚 300mm，局部 450mm）混凝土强度等级为 C30。底板单层面积约 1374m³，该部位结构与相邻结构间楼板设有变形缝而外墙未设置，东侧后浇带设计位置位于 D-7～D-8（南侧长度约 5 跨半），事发区段北侧仅挡土墙与相邻建筑连接，南侧预留三期钢筋，东侧尚有 25 跨框架结构未建。

地下室基坑采用放坡＋抗滑桩支护，基坑支护结构与地下室挡土墙间肥槽（以下简称肥槽）采用土方进行回填。肥槽回填宽度，在抗滑桩高度范围内，宽度为 8.5～9.1m，上口宽度为 16.4m，理论回填方量为 7175m³，至事故发生时靠办公区长度 8m 范围内，回填高度约 9m，其他肥槽长度 56m 范围内，回填高度约 4m。实际回填方量约为 4000m³，约为总回填方量的 55%。

事故原因：事故调查组委托中冶建筑研究总院有限公司（国家工业建构筑物质量安全监督检验中心）对事故原因进行了分析，出具了事故原因分析报告（报告编号：TC-JG2-I-2020-076R）。鉴定结论为：

（1）综合现场与资料调查、模拟计算结果表明，倒塌结构在西侧肥槽回填土压力、施工荷载和结构自重共同作用下，负二层东南区域柱首先破坏退出工作，随即引起其他结构构件连续破坏和整体倒塌。根据承载力计算分析，倒塌结构在实际回填土压力和设计回填土两种荷载工况下的承载力不满足《混凝土结构设计规范》GB 50010—2010 的要求，倒塌结构尚无独立承载回填土侧向压力的能力。

（2）对事故调查组依法封存的施工资料进行调阅分析结果表明：整个回填土施工过程中未见针对回填土压力作用下结构安全性的验算、咨询、技术措施、安全监控预警措施、提醒等资料信息。施工单位、设计单位、监理单位均忽视了西侧肥槽回填土压力作用下倒塌结构的安全性问题。

综上，该广场二期 T4 栋及地下室、C2-2 栋商业项目的地下室主体结构尚未完成，10 区段地下室结构"尚无独立承载回填土侧向压力的能力"；西侧肥槽回填土不符合要求，实际回填土压力荷载较设计值增大 1 倍以上；在西侧肥槽回填土压力、施工荷载和结构自重共同作用下，超过已成型地下室结构抗侧压承载力，引起结构构件连续破坏和整体倒塌。

案例 3：2020 年黑龙江省绥化市"8·16"较大坍塌事故

事故简介： 2020 年 8 月 16 日 9 时，绥化市某污水处理管线工程施工现场发生深基坑坍塌事故，造成 3 人死亡，直接经济损失 300 万元。

事故经过： 8 月 16 日 6 时 10 分左右，黑龙江某建筑安装工程有限公司施工的污水管线工程开始施工作业。挖掘机司机通过挖掘机（小松 300 型号）将距离施工现场 100m 远的 10 根水泥管（内直径 0.8m，外直径 0.96m，长 2m）运到现场。8 时左右挖掘机司机在基坑南侧操作挖掘机由北向南挖土作业，作业面长约 3.8m，深约 5.1m。安装完成后，挖掘机司机在基坑南侧准备向基坑内运送水泥管。另外 1 名挖掘机司机在基坑北侧通过挖掘机（卡特 313 型号）进行回填及平整土地。9 时左右，基坑东侧突然发生坍塌，将 2 名作业人员掩埋。在场的其他作业人员对两人进行施救。在救援过程中基坑发生第二次坍塌。经全力救援，事故最终造成 3 人死亡。

事故原因： 经调查分析认定，此次事故发生的直接原因是基坑施工未严格按照《给水排水管道工程施工及验收规范》GB 50268—2008 第 4.3 节沟槽开挖与支护的要求，未对基槽进行放坡，未对基坑进行支护，土方直接堆放在沟槽边沿，增加了地面附加荷载，加上机械作业振动等原因造成沟槽坍塌，将作业人员掩埋，盲目施救导致沟槽二次坍塌，增加了人员伤亡。

案例 4：2022 年贵州省毕节市"1·3"工地山体滑坡重大事故

事故简介： 2022 年 1 月 3 日 18 时 55 分许，贵州省毕节市在建的某医院分院培训综合楼边坡支护工程在施工过程中，突然发生山体滑坡，造成 14 名施工作业人员死亡、3 人受伤，直接经济损失 2856.06 万元。

事故经过： 2022 年 1 月 3 日，翟某军带领一个班组在第一级边坡下部喷浆，罗某兵带领另一个班组随后开展格构梁施工。1 台挖掘机在台阶上清理浮土，1 台挖掘机和 2 台破碎锤在靠近双山北路一侧的边坡下方破碎和清理土石方，并通过汽车运走。至 18 时许，喷浆班组完成工作后离开，罗某兵等 11 人在施工员陶某伟的指挥下继续开展格构梁施工，2 台挖掘机、2 台破碎锤继续工作。18 时 48 分，安全员欧某松发现双山北路一侧边坡有掉块现象，便电话通知施工员陶某伟组织人员撤离，随后欧某松在微信群里语音通知大家撤离，陶某伟在微信群里语音回复已组织撤离，但现场人员并未及时向安全地带撤离（图 1~图 3）。

2022 年 1 月 3 日 18 时 55 分许，边坡突然发生整体滑坡，滑坡量约 3.5 万 m³，将现场 17 名施工人员（11 名劳务人员、1 名施工员、2 名挖掘机驾驶员、2 名破碎锤操作员、1 名货车驾驶员）埋压，造成 14 人死亡、3 人受伤，直接经济损失 2856.06 万元。

图 1　2022 年 1 月 3 日滑坡前施工现场

图 2　2022 年 1 月 3 日滑坡区鸟瞰图

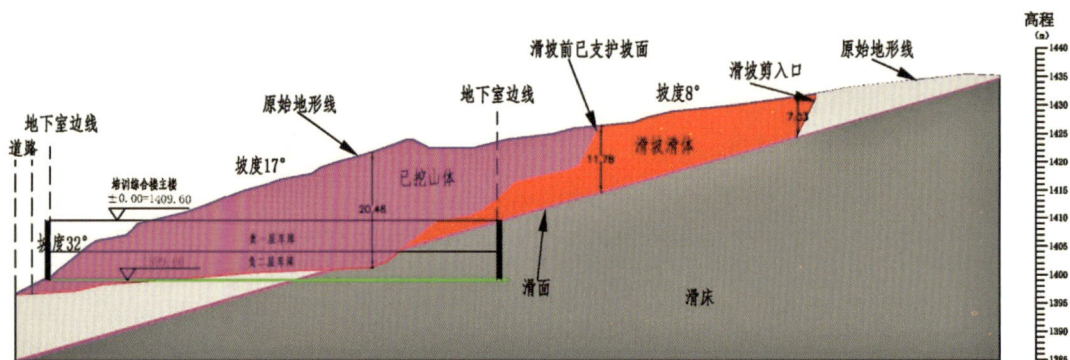

图 3　滑坡区域示意图

事故原因：专家组采用《滑坡防治工程勘查规范》GB/T 32864—2016滑坡稳定性评价和推力计算方法，利用勘察报告提供的岩体参数进行计算，滑坡区斜坡稳定系数为0.92；按岩土参数反演分析，滑坡稳定系数为0.857；按本次事故现场原状滑带土室内测试成果计算，滑坡稳定系数为0.799，3种方法计算结果均表明在2022年1月3日的切坡状态下，斜坡稳定系数已小于1，斜坡处于不稳定状态。

经事故调查组调查分析，排除了地震、降水和地下水导致滑坡的可能。认定事故直接原因为：边坡开挖改变了斜坡的地表形态和应力分布，降低了山体抗滑力，导致坡体失稳，形成滑坡（图4、图5）。

图4 坍塌事故现场

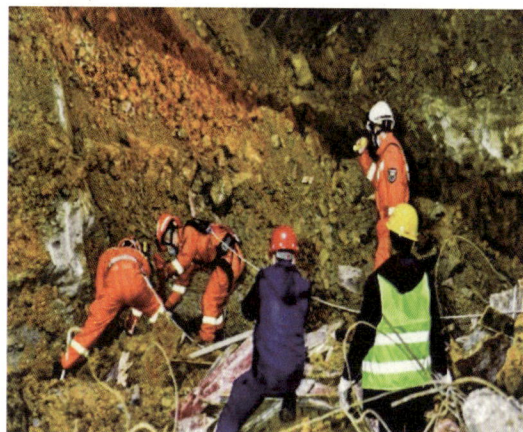

图5 坍塌事故现场救援

2. 基坑侧壁出现大量漏水、流土。

【解读】

本条主要依据来源于：

1）《建筑深基坑工程施工安全技术规范》JGJ 311—2013 第6.1.2条：基坑支护结构施工应与降水、开挖相互协调，各工况和工序应符合设计要求。

2）《建筑深基坑工程施工安全技术规范》JGJ 311—2013 第5.4.2条5款、6款：

5 围护结构渗水、流土，可采用坑内引流、封堵或坑外快速注浆的方式进行堵漏；情况严重时应立即回填，再进行处理。

6 开挖底面出现流砂、管涌时，应立即停止挖土施工，根据情况采取回填、降水法降低水头差、设置反滤层封堵流土点等方式进行处理。

【事故案例】

案例1：2019年广西壮族自治区南宁市"6·8"路面坍塌事故

事故简介：2019年6月8日，广西壮族自治区南宁市某处路面开裂并发生塌陷，经相关部门勘察，塌方区域长约60m，宽约15m，塌方量4500m³左右，虽无人员伤亡，但造成交通堵塞，严重影响城市居民生活，带来恶劣的社会影响。

事故经过： 6月6日下午18时左右，基坑的水平位移被发现不断加大，裂缝加宽；至6月7日中午左右，位移累计已达约50cm，裂缝宽达15cm。在第二天下午相近的时间，基坑突然发生了坍塌，约4000m³的土体崩裂下落。在最后的15s里，基坑坍塌的过程被完整地记录了下来。事故发生后，将近一半的路面陷入地下（图1、图2）。

图1 基坑长期浸水　　　　　图2 坍塌事故现场

事故原因： 由于在建工地的基坑支护产生变形，加上水管长期渗漏，基坑周边土体被掏空，局部土体泡软，在土体流失、掏空后，由于水管自重，水管爆裂，引发基坑锚索结构失效，最终引发坍塌事故。

案例2：2019年广东省广州市"12·1"地面塌陷较大事故

事故简介： 2019年12月1日上午9时28分，广东省广州市在建轨道交通某工区1号竖井横通道上台阶喷浆作业区域上方路面出现塌陷，造成路面行驶的1辆清污车、1辆电动单车及车上人员坠落坑中，两车上共3人遇难，直接经济损失约2004.7万元。

事故经过： 施工单位采用暗挖法进行横通道施工，分三个台阶分级进行。

2019年11月30日17时46分，该项目部组织了事发前的最后一次爆破，爆破前施工进尺到约49.6m，本次爆破进尺约1m，爆后检查无异常，在作业台上未检查到哑炮和残留物，然后喷浆、修路转运渣土、初喷、支拱架等都按工序施工。12月1日9时15分左右，正在进行初支喷混凝土时，施工人员发现靠近掌子面拱顶突然出现涌水并有增大趋势。9时24分57秒，小掌子面里头瞬间一片黑暗，水不断涌向井口处。9时27分，黄某安排值班电工切断1号竖井作业区内电源。9时28分，突发地陷，途经该路段的1辆清污车和1部电动自行车随地面塌陷掉入地下，造成3人失踪（图1～图3）。

事故原因： 施工地段邻近且低于受季节性影响较大的沙河涌，填土、冲洪积沙层、冲洪积和坡积土层、残积层和全/强风化钙质砂砾岩构成了透水性较强的水流通道，围岩土体含水量饱和，在爆破振动和围岩失稳后，改变了土体内水流流场。地下水丰富且雨季补水量大，施工时间较长，雨季河涌流量成倍增加，水流携带土体加剧失稳、流失，直接导致地面坍陷。

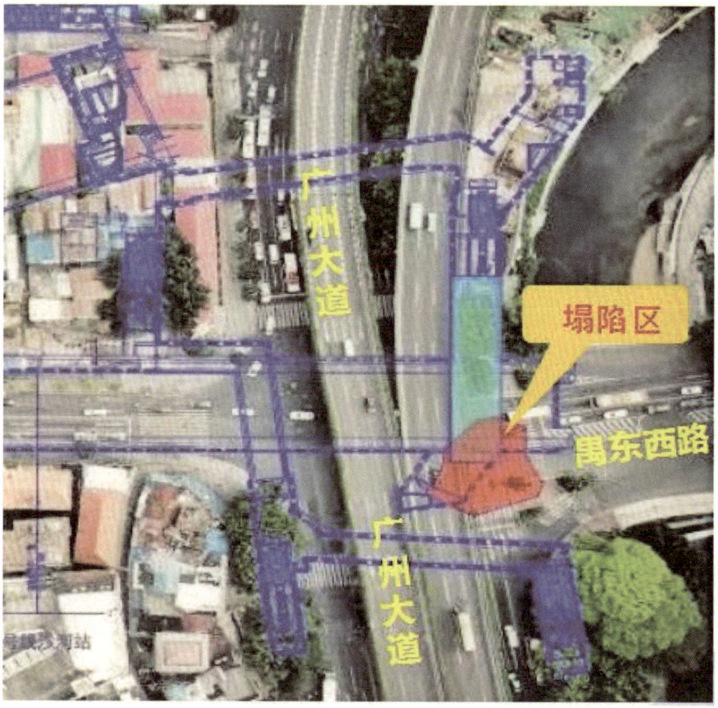

图 1　塌陷区位置图

图 2　事故位置图

图 3　事故位置俯视图

案例 3：2021 年广东省珠海市"7·15"重大透水事故

事故简介： 2021 年 7 月 15 日 3 时 30 分，位于珠海市某隧道右线在施工过程中，掌子面拱顶坍塌，诱发透水事故，造成 14 人死亡，直接经济损失 3678.677 万元。

事故经过： 7 月 15 日凌晨 3 时 30 分左右，在右洞施工过程中，施工人员正准备组织初期支护施工，值班人员听到异响后发现掌子面落渣，迅速组织施工人员疏散撤出隧道。随后，大量水涌入右线隧道，并通过横通道涌入左线隧道，反向进水后导致左线隧道内 14 人被困于掌子面，距洞口 1160m 处。

　　15日上午5时许，全面开始抽排水作业，现场作业面正在救援的移动排水泵车5台，每小时抽水量达1.54万m³，另有20台泵车在周边待命。15日中午12时30分，已经围堰合龙，采取强抽与涵管放水相结合降低水库水位。15日下午5时许，抽排物中开始出现泥浆，预计后续泥浆量将不断增大，影响抽排效率。16日上午9时，国家隧道救援队17人，携带排水泵、生命探测仪等22台套装备参加救援；珠海周边城市共28支救援队伍、620人、138台大型救援设备也到达现场投入救援工作。16日12时，救援作业面已向隧道内推进395.3m，距离受困点764.5m，隧道内水位持续下降。被困人员仍然无法联系，14名受困人员的家属陆续抵达珠海，指挥部已安排专人做好对接工作。16日，广东省政府调查组在珠海市召开会议，明确了事故调查职责、任务和有关要求。17日，根据国务院《生产安全事故报告和调查处理条例》（国务院令第493号），为做好事故调查处理工作，广东省政府成立了珠海市"7·15"透水事故调查组，下设技术组、管理组、综合组三个工作组。为加强事故调查技术支撑，技术组聘请了9名相关领域专家。17日上午9时，救援作业面已向隧道内推进491.97m，距离受困点668.03m，隧道内整体水位下降了约8m。但经过50多个小时的持续救援，仍然无法联系到被困人员。19日15时20分和15时38分，救援人员在事故现场距隧道左洞洞口约1060m和1070m处发现2名被困人员，经医疗鉴定已无生命体征。22日12时17分，救援人员在事故现场发现并确认最后1名遇难者（图1～图3）。

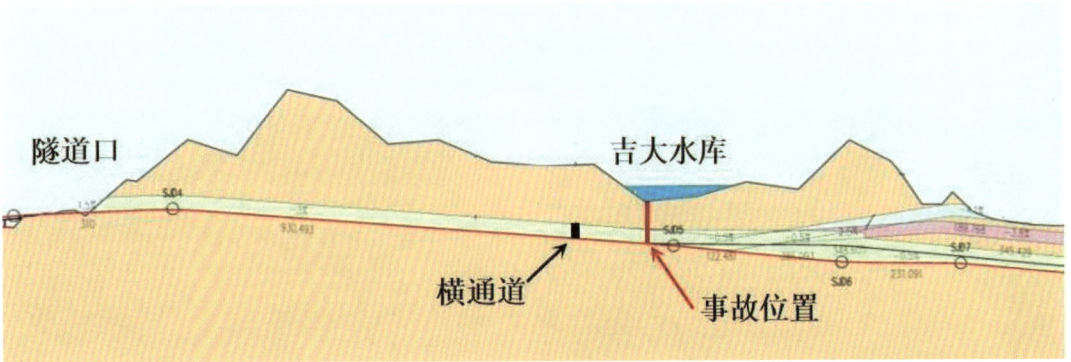

图1　事故位置图

图2　事故现场图

图3　事故现场俯视图

事故原因： 隧道下穿吉大水库时遭遇富水花岗岩风化深槽，在未探明事发区域地质情况、未超前地质钻探、未超前注浆加固的情况下，不当采用矿山法台阶方式掘进开挖（包括爆破、出渣、支护等）、小导管超前支护措施加固和过大的开挖进尺，导致右线隧道掌子面拱顶坍塌透水。泥水通过车行横通道涌入左线隧道，导致左线隧道作业人员溺亡。

3. 基坑底部出现管涌。

【解读】

本条主要依据来源于：

《建筑深基坑工程施工安全技术规范》JGJ 311—2013 第 5.4.2 节第 5 款、6 款：

5　围护结构渗水、流土，可采用坑内引流、封堵或坑外快速注浆的方式进行堵漏；情况严重时应立即回填，再进行处理。

6　开挖底面出现流砂、管涌时，应立即停止挖土施工，根据情况采取回填、降水法降低水头差、设置反滤层封堵流土点等方式进行处理。

【事故案例】

案例 1：2018 年广东省佛山市"2·7"隧道坍塌重大事故

事故简介： 2018 年 2 月 7 日 20 时 40 分许，佛山市轨道交通某工程土建一标段盾构区间右线工地突发透水，引发隧道及路面坍塌，造成 11 人死亡、1 人失踪、8 人受伤，直接经济损失约 5323.8 万元。

事故经过： 2018 年 2 月 7 日晚事发前，右线盾构机完成 905 环掘进后，位于隧道底埋深约 30.5m 的淤泥质粉土、粉砂、中砂交界处且具有承压水的复杂地质环境中，在进行管片拼装作业时，突遇土仓压力上升，盾尾下沉，盾尾间隙变大，盾尾透水涌砂。经现场施工人员抢险堵漏未果，透水涌砂继续扩大，下部砂层被掏空，使盾构机和成型管片结构向下位移、变形。隧道结构破坏后，巨量泥沙突然涌入隧道，猛烈冲断了盾构机后配套台车连接件，使盾构机台车在泥沙流的裹挟下突然被冲出 700 余 m，并在隧道有限空间内引发了迅猛的冲击气浪，隧道内正在向外逃生的部分人员被撞击、挤压、掩埋，造成重大人员伤亡（图 1～图 3）。

事故原因：

1. 事故发生段存在深厚富水粉砂层且邻近强透水的中粗砂层，地下水具有承压性，盾构机穿越该地段时发生透水涌砂涌泥坍塌的风险高。事发时盾构机刚好位于粉砂和中砂交界部位，盾构机中下部为粉砂层，中砂及其下的圆砾层透水性强于粉砂层并且水量丰富和具有承压性，一旦粉砂层发生透水，极易产生管涌而造成粉砂流失。

2. 盾尾密封装置在使用过程密封性能下降，盾尾密封被外部水土压力击穿，产生透水涌砂通道。事故发生前，右线盾构机已累计掘进约 1.36km，盾尾刷存在磨损，盾尾密封止水性能下降。在事故发生前已发生过多次盾尾漏浆，存在盾尾密封失效的隐患。

3. 涌泥涌砂严重情况下在隧道内继续进行抢险作业，撤离不及时。19 时 03 分盾尾竖向偏差已达 307mm，19 时 08 分 899 环管片 4 点至 5 点位置出现涌泥涌砂，隧道内已有大量泥砂堆积，20 时 03 分盾尾下沉了 417.5mm，激光导向系统已无法监测到盾尾竖向偏差；现场抢险措施难以有效控制险情。上述情况下，不及时撤离抢险人员属于险情处置措施不当。

4. 极强的冲击波造成人员逃生失败。隧道结构破坏后，大量泥砂迅猛涌入隧道，在狭窄空间范围内形成强烈泥砂流和气浪，将后配套台车与连接桥之间的连接件剪断，推动 65.6m 长的七节后配套台车高速向洞口方向冲击至 370 环附近，隧道内正在向外逃生的部分人员被撞击、挤压、掩埋，造成重大人员伤亡。

图 1　隧道位置平面图

图 2　地面塌陷区航拍照片

图 3　坍塌现场

案例 2：2019 年山东省青岛市"5·27"隧道坍塌较大事故

事故简介： 2019 年 5 月 27 日 17 时 40 分左右，青岛市地铁 4 号线某区间发生洞内涌水突泥，造成现场施工人员 5 人死亡、3 人受伤，直接经济损失 785 万元。

事故经过： 2019 年 5 月 27 日 10 时 55 分，4 号线某区间左线小里程 ZDK25 + 343 完成上台阶爆破作业。11 时 10 分左右，劳务单位立架开挖班班长带领立架班进入左线小里程，开始格栅钢架安装及锁脚锚管安装。立架完成后，喷浆班进入隧道，15 时左右拱架喷射混凝土完成。

15 时 30 分，施工单位技术员巡视发现已完成支护前方及掌子面局部存在渗水、掉块情况，向项目部副总工程师、专业监理工程师、工程部部长反映了情况。工程部部长接到报告后立即去现场进行查看，按照《静沙区间主体结构矿山法段开挖及支护安全专项施工方案》规定的流程和措施，组织工人采用掌子面挂钢筋网片喷射混凝土封闭的常规处理方式对渗水、掉块情况进行了封闭。

17 时 30 分左右，掌子面封闭施工已经完成，掌子面未再出现渗水、掉块情况。17 时 40 分左右，掌子面突然出现涌水突泥，瞬间冲垮掌子面，掌子面附近 7 名人员和距离掌子面约 30m 的 1 名人员受到泥水冲击，5 人失联，3 人逃生。

事故发生后，事故调查技术组委托北京城建勘测设计研究院有限责任公司对事故现场周边地质情况进行了补充勘探，补充勘察共布置 10 个钻孔（4 个原位对比验证孔，6 个加密勘察孔，图 1）。根据加密勘察钻孔资料揭示，事故发生区域第四系土层类型多，地层分布复杂交错，砂层厚度变化大，基岩面起伏变化较大，基岩节理裂隙发育程度高。坍塌区域属于一个局部的汇水区，区域内构造裂隙水具有较大的不确定性及局部高承压性，补充勘察揭示场地为局部超复杂的地质条件。

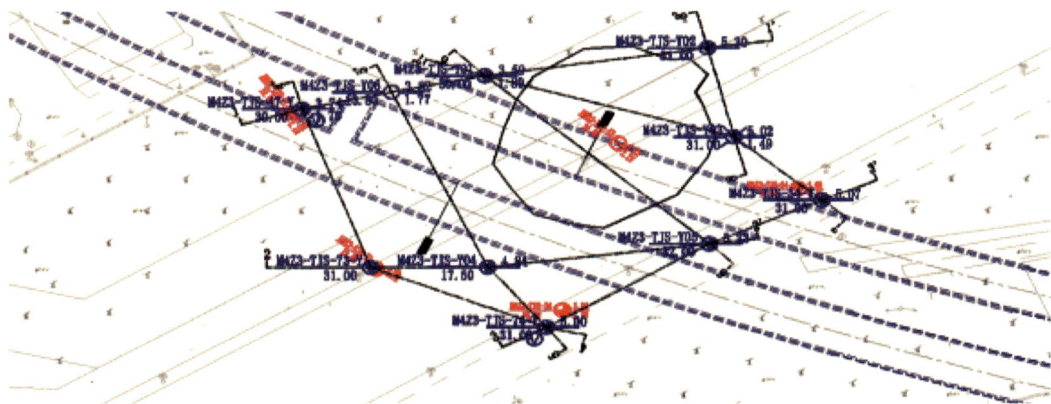

图 1 事故调查补勘孔位布置图

事故原因： 经综合分析，事发段强风化凝灰岩受断裂影响对地下水渗流侵蚀形成"存水空洞"，风化深槽处地下水承压性大幅增加，地层局部隔水层缺失导致强风化凝灰岩遇水软化承载力大幅降低，随着开挖的临近，隧道掌子面上方和前方围岩在水土压力下达到极限状态突然垮塌，造成大规模、高流动性涌水突泥灾害事故（涌水突泥过程中泥浆初始速度大，最大速度达到 20.885m/s，冲击压力大，达到 0.53MPa，11s 内抵达横通道位置，且泥沙、泥浆测算总量达到 6924m³），常规的应急预案无法应对这种大规模、高猛度的突发事件，现场人员应急反应时间不足，超出隧道施工灾害预判的传统认识，导致工程类比法不能覆盖（图 2、图 3）。

图 2　坍塌现场区域

图 3　事故现场救援

4. 桩间土流失孔洞深度超过桩径。

【解读】

桩间土流失可能是由于施工过程中桩基不均匀沉降、基坑开挖不当、地下水冲刷、土体结构不稳等因素导致。这些因素可能使得桩间的土体流失，形成孔洞。当孔洞深度超过桩径时，说明土流失的程度较严重，可能会导致桩基失稳、桩间土体承载力下降，从而增加基坑工程的坍塌风险。

【事故案例】

案例：2012 年北京市北四环附近工程桩间土发生流失

事故简介： 2012 年 7 月 21 日，位于北京市北四环路附近工程桩间土发生了流失，且孔深已超过桩径，发展到桩背后，导致基坑坍塌事故，造成很大的损失和较坏的社会影响（图 1、图 2）。

图 1　桩间土出现孔洞

图 2　桩间土出现渗水

事故原因：工程桩间土发生流失，且孔深已超过桩径时，施工单位未予以重视，仅用竹胶板和安全网阻挡土流失，未进行彻底治理。

【总结】 **基坑工程重大事故隐患判定及预防措施建议**

一、基坑坍塌重大事故隐患判定考量因素

近年来由于高层建筑、地下空间的发展，深基坑工程的规模之大、深度之深，基坑坍塌事故成为岩土工程中事故最为频繁的领域，也是目前较大及以上事故类型中的首位，必须引起高度重视。

2017—2022 年，全国房屋市政工程共发生基坑坍塌较大及以上事故 26 起、死亡 112 人；其中，2022 年发生 1 起重大安全生产事故，死亡 14 人（贵州省毕节市七星关区"1·4"重大坍塌事故）。具体事故明细见附录 3。

1. 从 2017—2022 年基坑坍塌较大及以上事故发生地区分析来看，全国有 14 个地区发生基坑坍塌较大及以上事故。贵州、重庆等西南地区地质条件复杂多变，历来是地下工程（隧道、地铁）事故多发高风险地区；广东、广西等沿海地区地质条件复杂，许多工程项目淤泥质土含水量高，承载力较差，且受暴雨、台风等不利天气影响，基坑施工存在较大风险。山东、河南等内陆地区地质条件同样复杂多变，包含淤泥类软土、黄土状土、膨胀土等多种土质，对基坑（土方）开挖支护及后续施工要求较高。一些施工企业和项目在基坑施工中未充分考虑土质情况，不按专项施工方案进行施工，基坑支护及监测不到位，都属于基坑坍塌重大事故隐患。

2. 从 2017—2022 年发生的基坑坍塌较大及以上事故项目类型来看，最多的为公共建筑项目，发生事故 11 起、死亡 51 人，分别占总数的 41.67% 和 39.79%；其次为市政基础设施项目，发生事故 9 起、死亡 42 人，分别占总数的 37.50% 和 45.16%；住宅项目发生事故 6 起、死亡 19 人，分别占总数的 20.83% 和 15.05%。其中，2022 年贵州省毕节市七星关区"1·4"重大坍塌事故，发生事故的为医院项目，造成 14 人遇难。从上述统计可以发现，在基坑坍塌较大及以上事故中，公共建筑和市政基础设施项目占比比例较高。基坑坍塌重大事故隐患主要存在于公共建筑和市政基础设施工程中的交通工程、地下管线工程中，这些工程施工环境复杂，深基坑占比较大，易发生群死群伤事故。

3. 从 2017—2022 年发生基坑坍塌较大及以上事故起的时间统计来看，最多的为 9 月，发生事故 4 起、死亡 18 人，分别占总数的 16.67% 和 19.35%。其次是 5 月和 12 月，各发生事故 3 起，死亡 10 人和 9 人，事故起数分别占总数的 12.50% 和 12.50%，死亡人数分别占总数的 10.75% 和 9.68%。7 月、8 月事故起数相对较少。坑坍塌重大事故隐患要重点关注每年的 5～9 月为汛期，与水有关的渗流破坏、突涌破坏事故多发，预测预警难度较大且破坏迅速，极易导致基坑事故发生，因此 5～9 月基坑坍塌事故数量明显多于其他月份。

4. 从 2017—2022 年发生的基坑坍塌较大及以上事故破坏形式统计来看，发生边坡失稳事故 8 起、死亡 23 人，分别占总数的 33.33% 和 24.73%；发生渗流破坏事故 7 起、死亡 37 人，分别占总数的 29.17% 和 39.78%；发生支撑失稳 4 起、死亡 16 人，分别占总数的 16.67% 和 17.20%；发生围护整体失稳事故 3 起、死亡 7 人，分别占总数的 12.50% 和 7.53%。

基坑坍塌重大事故隐患重点是要加强对基坑周边水环境和基坑支护结构监测等安全管控措施。

5. 从对 2017—2022 年有开挖深度记录的 133 起事故进行统计来看，发生事故最多的开挖深度为 5～14m，发生事故 75 起，占总数的 56.39%；其次为 14m 以上，发生事故 33 起，占总数的 24.81%。统计发现，5～14m 开挖深度的基坑坍塌事故所占比例较高，而且地下施工情况复杂，尤其是沿海城市，土质特殊，易发生土方坍塌等事故。此外，一些发生事故的项目基坑支护监测存在严重缺陷，有的基坑在支撑已经受力后才开始监测，有的基坑监测点被破坏未及时修复。针对上述基坑事故重大隐患，应当有针对性地加强对基坑监测环节的管理，督促工程参建各方采取有效措施，准确监测基坑支护结构和周围环境的变化情况，并做好应急预案，预防坍塌事故的发生。

6. 基坑工程重大事故隐患判定标准应充分考虑基坑安全等级，即结合基坑本体安全、工程桩基与地基施工安全、基坑侧壁土层与荷载条件、环境安全等因素加以判定。

二、基坑坍塌事故预防措施建议

1. 基坑坍塌事故的共性原因：擅自施工及违章作业，土质较差，地面堆载、超载等，基坑坍塌事故均发生在基坑施工阶段。

2. 基坑开挖时，应严格遵循"开槽支撑，先撑后挖，分层开挖，严禁超挖"的原则，按方案上确定的顺序和方法组织开挖；并控制好开挖速度，减少暴露时间。深基坑周边施工材料、设施或车辆荷载严禁超过设计要求的地面荷载限值。

3. 开挖过程中，基坑的支撑结构及时加设，严格按方案落实，严禁滞后设置或擅自更改；坑内结构施工完成后应及时回填，采取支撑的支护结构未达到拆除条件时严禁拆除支撑。

4. 深基坑施工必须采取基坑内外地表水和地下水控措施，防止出积水和涌水涌沙。汛期施工，应当对施工现场排水系统进行检查和维护，保证排水畅通，防止地表降雨流入基坑。因此，每年 5～9 月汛期，针对渗流破坏、突涌等重大风险点情形，要加强风险管控和隐患排查治理工作。特别是注意对地下水的风险管控，要采取必要的降水、排水、隔水等措施。

5. 深基坑工程必须按照规定实施施工监测和第三方监测，指定专人对深基坑周边进行巡视，对基坑边坡和围护结构的变形严格控制，出现危险征兆时应当立即发出警示信号并撤离基坑内作业人员。

6. 广东、广西、福建等沿海地区以及山东、河南等地质条件复杂地区要加强地质勘察，针对淤泥类软土、黄土状土、膨胀土等地质风险，在编制专项施工方案时要充分考虑复杂地质条件，并采取有效防范措施。

7. 从基坑坍塌事故的深层次原因分析，由于基坑工程费用占造价的比例高、业主对基坑工程的压价，方案不合理和安全度过低是高事故率的潜在因素，而施工方过度追求高速度和低成本也是高事故率的直接引发因素。此外，基坑工程的勘察、设计、监理、第三方监测单位也必须落实各自安全责任。

四、模板工程重大事故隐患判定标准

第六条 模板工程有下列情形之一的，应判定为重大事故隐患：

（一）模板工程的地基基础承载力和变形不满足设计要求。

【解读】

本条规定依据主要来源于：

1.《建筑施工模板安全技术规范》JGJ 162—2008 第6.1.2条第6款：

6 现浇多层或高层房屋和构筑物，安装上层模板及其支架应符合下列规定：

1）下层楼板应具有承受上层施工荷载的承载能力，否则应加设支撑支架；

2）上层支架立柱应对准下层支架立柱，并应在立柱底铺设垫板；

3）当采用悬臂吊模板、桁架支模方法时，其支撑结构的承载能力和刚度必须符合设计构造要求。

2.《建筑与市政地基基础通用规范》GB 55003—2021 第4.1.1条：

4.1.1 地基设计应符合下列规定：

1 地基计算均应满足承载力计算的要求；

2 对地基变形有控制要求的工程结构，均应按地基变形设计；

3 对受水平荷载作用的工程结构或位于斜坡上的工程结构，应进行地基稳定性验算。

【事故案例】

案例1：2014年河南省信阳市"12·19"模架坍塌事故

事故简介： 2014年12月19日16时30分许，信阳市某楼附楼1号商铺在进行混凝土浇筑施工过程中发生模架体系整体坍塌事故，造成正在作业的5人死亡、9人受伤，直接经济损失约450万元。

事故经过： 2014年12月19日上午7时，李某新组织木工开始对模板支架进行加固。10时许，混凝土开始浇筑。混凝土的浇筑顺序是从东北角开始由北往南整体推进。在浇筑的同时，楼内木工正在继续加固模板支架、搭设剪刀撑。

13时30分许，在其他工地工作的木工陈某光路过1号商铺，发现1号商铺东北角柱子向东倾斜，立即打电话告知木工高某礼，高某礼随后告知李某新，10多分钟后李某新到达现场，安排木工对模板支架进行加固。随后，吕某东、朱某炳和陈某兵安排用挖掘机对楼体进行校正，但仍然没有取得效果。

14 时 30 分许，实际控制人、施工、监理三方人员陆续赶到现场。简某龙、张某荣不同意用捯链和挖掘机校正楼体，要求立即拆除重建。

为了减少损失，吕某东、陈某兵 2 人打算将混凝土清除掉，冲洗干净，钢筋还可以再利用。随后，2 人安排黄某林带领泥瓦工到楼顶铲掉混凝土，安排李某新带领木工在楼下将柱子模板全部拆掉，然后由泥瓦工用水将钢筋上的混凝土冲洗掉，要求调集人手充实力量，加快工作进度，当天必须完成拆除清理工作。

15 时 30 分许，木工、泥瓦工班组进入现场开始拆除作业。作业现场共有 21 人，楼顶 9 人，楼内 10 人，另有 2 名泥瓦工在楼外连接电线和水管。

15 时 59 分，胡某民下达了监理通知书，指出"一层商铺在混凝土浇筑过程中出现整体向东偏移"，要求"施工单位在模板拆除过程中严格按规范要求施工，确保施工安全"，电话通知陈某兵领取。

16 时 30 分许，整个楼体瞬间坍塌。楼上 9 人全部跌落在废墟上；楼内 10 人中，木工杨某陆走到楼外休息未受伤害；高某礼听到异响，跑出楼外；黄某林被掩埋在废墟下面并被及时救出，其余 7 人被埋（图 1、图 2）。

| 图 1　模板坍塌事故现场 | 图 2　事故救援现场 |

事故原因： 实际承建人未编制安全专项施工方案，未计算地基承载力是否满足荷载要求，未按《建筑地基基础工程施工质量验收规范》GB 50202—2002、《建筑施工模板安全技术规范》JGJ 162—2008 施工作业，引发严重质量问题，导致模架失稳。

案例 2：2015 年河北省新乐市"4·11"模架坍塌事故

事故简介： 2015 年 4 月 11 日晚 11 时，河北省新乐市某建材市场正在建设的一幢商业楼在浇筑混凝土过程中模板支撑架发生坍塌，此次事故是典型的高支模坍塌事故，极易造成群死群伤，此次事故共造成 5 人死亡、4 人受伤。

事故经过： 该市场 A 区 13 号、14 号商业楼陆某良劳务分包队于 2014 年 10 月 7 日进场施工，施工至基础垫层后更换为李某民劳务分包队，李某民劳务分包队于 2014 年 11 月 5 日进场施工。按照施工计划安排，坍塌部位的脚手架架体随主体结构边施工边搭设。2015 年 4 月 3 日开始搭设三层架体，4 月 11 日上午 10 时许，13 号楼三层顶模板支撑系统搭设完成。

事发时李某民劳务分包队在施工现场有两个作业班组，分别是沈某华班组（负责脚手架及模板支撑系统的搭设）及田某国班组（负责现场混凝土浇筑）。沈某华班组木工张某宝及罗某梁，负责看护混凝土浇筑过程中模板支撑系统的变形情况。

2015年4月11日13时左右，混凝土工开始浇筑13号楼三层柱、屋顶梁板结构混凝土（采用商品预拌混凝土），混凝土泵车进行泵送混凝土浇筑，泵车位于13号楼南侧地面8—11轴中间部位。浇筑由西向东（8→11轴方向）分段进行，段内南北方向往返循环浇筑，按先柱后梁板的顺序浇筑。连续浇筑4搅拌车混凝土（搅拌车容量12m³，4车约48m³）后现场停电。作业人员撤离工作面休息。当日18时，施工现场恢复供电，混凝土工吃过晚饭后继续浇筑作业。21时30分开始下雨，因雨量较大，作业人员避雨10min左右，穿上雨衣继续混凝土浇筑作业。23时刚过，田某国离开屋顶作业面去安排工人的夜餐。约23时10分，当浇筑至东距11轴5.7m处时，天井部位模板支撑系统瞬间发生整体失稳坍塌（7-8/P轴以北部位未浇筑，现场共浇筑混凝土17车，最后的第17车浇筑量约3m³，混凝土浇筑总量约195m³）（图1）。

图1　坍塌事故现场照片

坍塌时，施工现场共有12名工人在作业。其中在混凝土浇筑作业面上（屋顶标高16.2m位置）混凝土工9人，在三层室内看护模板支撑系统变形情况的木工2人，在建筑物南侧室外地面上操作混凝土搅拌运输车的力工1人。

事故发生时混凝土浇筑作业面9人情况：7名混凝土作业人员直接坠落至首层室内地面，7人浇筑作业分工为李某平，负责混凝土布料管；李某强，负责混凝土布料车遥控操作；代某久、王某友，负责混凝土摊平；陈某明，负责混凝土振捣；张某友，负责移动振捣棒电机；田某贤，负责混凝土浇筑面细部抹平，以上7人分布于P—N轴跨中东距11轴约7m位置进行混凝土浇筑作业。另外2名混凝土工情况为张某，负责混凝土浇筑面整平工作，事发时位于8—11轴南侧弧顶位置，沿坍塌的屋面梁钢筋骨架下滑，坠落2m左右腿部被夹住，后自行攀爬到三楼东侧平台上；田某清，负责对混凝土浇筑面覆盖塑料薄膜，事发时准备到相邻的10号楼（主体结构已完成）取塑料薄膜，行走至未浇筑混凝土的东侧屋面板与10号楼交接处时发生坍塌，其被钢筋绊倒，后跑至10号楼屋顶。张某、田某清2人受轻伤。

坍塌时，施工现场共有12名工人在作业。其中在混凝土浇筑作业面上（屋顶标高16.2m位置）混凝土工9人，在三层室内看护模板支撑系统变形情况的木工2人，在建筑物南侧室外地面上操作混凝土搅拌运输车力工2人。

事故原因：支撑架地基承载力及稳定性不满足规范要求，支撑架违规搭设存在严重构造缺陷。模板支撑系统地基基础沉降不均匀，致使承载能力降低、稳定性不足，施工时荷载超过模板支撑系统的最大承载能力。除此之外，事故现场脚手架搭设极不规范；混凝土浇筑工序不合理；脚手架材料严重不合格同时，此项目没有办理相应的工程建设手续，在没有开工许可证的情况下，擅自开工建设，属于非法工程。

案例3：2018年山东省德州市"8·31"模板支架坍塌较大事故

事故简介：2018年8月31日9点37分，德州市某地下车库工程在顶板混凝土浇筑施工过程中，发生模板支架坍塌事故，造成6人死亡，2人轻伤，直接经济损失980万元。

事故经过：8月31日上午8时左右，某公司组织人员开始在该地下车库出入口处区域浇筑顶板混凝土。9时30分左右，在该区域混凝土基本浇筑完成时，施工班组发现模板跑浆，班组长带领工人下去堵漏。在堵漏过程中发现架体下沉，随之安排工人进行架体加固。9点37分，一名工人用千斤顶对底部工字钢进行顶撑，造成架体失稳，发生模板支架整体坍塌（坍塌面积20多 m²）。事故发生时，4名混凝土工在顶板作业，6名木工在底部加固模板支架，2名木工在事故区域之外寻找加固材料。坍塌事故发生后，在顶板作业的混凝土工坠落，在底部加固模板支架的6名木工被掩埋后死亡（图1）。

图1 事故现场图

事故原因：未按国家标准进行模板施工，立杆支承点的工字钢承载力不足，使得支撑体系变形过大，人员违规操作，导致模板支架整体坍塌。

案例4：2020年广东省佛山市顺德区"6·27"较大坍塌事故

事故简介：2020年6月27日10时17分，位于佛山市顺德区某项目8号楼在浇筑屋面构造梁过程中发生一起坍塌事故，造成3人死亡、1人受伤。

事故经过：2020年6月27日上午8时15分许，某混凝土公司司机驾驶混凝土运输车到达事发8号楼施工工地。9时40分许，某公司混凝土班班长李某海与混凝土工工人陶某宽、李某林、程某全、杜某军、管某边6人在8号楼顶楼开始为8号楼楼顶屋面构造梁、柱浇筑混凝土。工人首先自西向东浇筑了4根柱子，然后自东向西分层浇筑屋面构造梁。10时15分许，第一车混凝土浇筑完毕，准备开始浇筑第二车混凝土时，李某海发现刚浇筑的屋面构造梁开始倾斜，便大声呼喊其他人员赶快撤离。最终，只有站在距离外脚手架西北角较近的李某海和陶某宽撤离到了安全范围。混凝土工人李某林、程某全、杜某军、管某边4人随模架及外脚手架一起掉落到8号楼二层平台（图1、图2）。

事故原因：事故调查组经过现场勘验、无人机航拍、三维建模及技术分析、对相关人员的谈话问询、查阅设计图纸、对模板支撑系统实测实量以及聘请第三方技术服务机构依据现行国家施工规范要求对事故屋面构造梁模板支撑系统进行技术分析、对屋面构造梁设计图纸进行安全性复核验算等大量调查取证和分析论证工作，认定事故直接原因为：施工单位搭设的8号楼屋面构造梁柱模板支架不合理，屋面构造梁存在偏心现象而未采取有效防范措施，当屋面构造梁、柱浇筑混凝土时，随着荷载越来越大，产生的偏心力矩也越来越大，引起斜立杆失稳导致模架向外倾覆倒塌。

图1 工人坠落的8号楼平台

图 2　二层平台钢筋混凝土结构破损、多处被击穿

（二）模板支架承受的施工荷载超过设计值。

【解读】

本条主要依据是：

《建筑施工模板安全技术规范》JGJ 162—2008 第 8.0.7 条：作业时，模板和配件不得随意堆放，模板应放平放稳，严防滑落。脚手架或操作平台上临时堆放的模板不宜超过 3 层，连接件应放在箱盒或工具袋中，不得散放在脚手板上。脚手架或操作平台上的施工总荷载不得超过其设计值。

【事故案例】

案例 1：2018 年江西省赣州市"9·7"墩柱模板坍塌较大事故

事故简介： 2018 年 9 月 7 日 19 时 13 分许，赣州市某高架桥 I 标段 68 号墩柱（CYL68 号左墩柱）在浇筑混凝土过程中，发生整体倾覆，造成 4 人死亡，直接经济损失约 660 万元。

事故经过： 2018 年 9 月 7 日上午，CYL68 号左墩柱钢模板拼装完成（图 1）。15 时 50 分许开始浇筑，现场 6 名作业人员 2 人每隔一段时间从钢模顶部下到模板深处负责振捣混凝土，3 人在钢模顶部负责扶正软管浇筑及配合其他作业，1 人在地面负责向泵车料斗内进料或停料。18 时 10 分许，三车混凝土（20m³）浇筑完毕，此时天色较暗，雨势较大，作业人员并未停下继续浇筑。

事发前数分钟至十几分钟之间（准确时间已无从查证），混凝土天泵末端软管偏离墩柱，混凝土打在钢模外壁上，钢模顶部平台上施工人员发出喊声。经过提醒后，天泵操作员通过遥控装置调整天泵软管，并重新开始放料。继续放料数分钟后，第四车混凝土（20m³）浇筑完毕，此时墩柱倾斜，并在瞬间倒塌（图1、图2）。

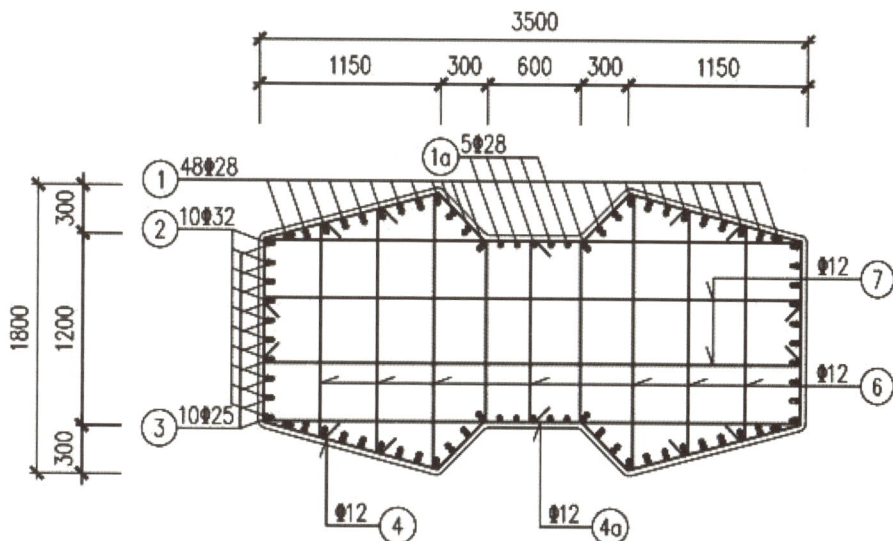

图 1　CYL68 号墩左墩柱主筋分布图

图 2　事故现场

事故原因：现场调查确认 CYL68 号左墩柱模板存在多处拼缝锚固螺栓未满锚、围檩斜角螺杆未拉结、第四道围檩中间对拉螺杆未拉结等安装缺陷。这些缺陷降低了组合模板框架体系的整体性，从而导致在混凝土浇筑过程中模板体系的局部受力和变形显著增大。

现场调查也发现，所用模板钢焊缝的锈迹较为明显，而钢面板与檐口法兰的连接区域正是模板构造的薄弱区域。另外，现场调查发现第 1、2 道模板水平连接法兰和第 1 道模板底部背向倾覆侧竖向法兰焊缝较大长度范围脱开，并且第 1 道模板背向倾覆侧外表面有大量混凝土，再考虑到浇筑末期显示有数方混凝土流失，据此，根据现场调查和分析计算，通过定量分析，造成桥墩倾覆的可能因素：墩柱模板安装不符合规范要求，在浇筑过程中浇筑速度过快，造成模板第 1、2 节拼接处出现裂口，混凝土泄出，桥墩模板整体承受不平衡的新浇混凝土侧压力，导致墩柱发生整体倒塌。

综合所述，在排除外部作用力（风荷载、泵车臂架作用力）、承台塌陷等因素外，混凝土浇筑速度相对较快，在缺失多个拉杆等构件的情况下，模板连接法兰焊缝出现开裂，混凝土泄出，引起墩柱模板产生不平衡水平力，导致墩柱发生整体倒塌。

案例 2：2019 年浙江省东阳市"1·25"支模架坍塌较大事故

事故简介： 2019 年 1 月 25 日 13 时 13 分许，东阳市某家居用品市场建设工地在进行三楼屋面构架混凝土浇筑施工时突然发生坍塌，当场造成 1 人死亡，9 人受伤。1 月 26 日，1 名受伤人员经抢救无效死亡。2 月 3 日，又有 3 名受伤人员经抢救无效死亡。事故共造成 5 人死亡，5 人受伤。

事故经过： 1 月 18 日，东阳市质安站下达安全隐患整改通知后，项目部并没有停工整改。1 月 23 日，沈某良向麻某龙汇报 1 月 25 日将要浇筑三楼屋面构架。1 月 24 日下午，沈某良按照项目部工作分工开展浇筑前的准备工作，电话联系某建材有限公司要求 1 月 25 日运送 100m³ 混凝土到项目部工地。同日下午，沈某良通知泥工班带班陈某明 1 月 25 日浇筑后浇带和三楼屋面构架。

2019 年 1 月 25 日上午 8 时左右，该家居用品市场项目部泥工班带班陈某明等人按照要求开始浇筑后浇带。9 时左右，陈某明等人开始浇筑三楼屋面构架，午饭后继续浇筑。13 时 13 分左右，三楼屋面构架在浇筑混凝土施工过程中突然发生坍塌，现场 10 名作业人员随即坠落地面并被坍塌物掩埋（图 1）。

图 1　事故现场图片

事故原因：支模架架体立杆横向间距为500mm，纵向间距为1200mm，支模架高度为4200mm，搭设参数没有经过设计计算，搭设构造不符合相关标准的规定，支模架高宽比为8.2，超过规定的允许值且没有采取扩大下部架体尺寸或其他有效的构造措施等，导致模板支撑体系承载力和抗倾覆能力严重不足，在混凝土浇筑荷载作用下模板支架整体失稳倾覆破坏。

案例3：2019年贵州省仁怀市"3·15"较大坍塌事故

事故简介：2021年3月15日19时23分许，仁怀市某建设项目（一标段）发生一起建筑施工事故，造成4人死亡，直接经济损失490.47万元。

事故经过：3月15日16时许，混凝土公司接施工方代班技术员杨某文电话通知进行发料；17时05分许，劳务方组织混凝土工人在裙楼女儿墙的模板及支撑体系未进行自检和报施工方监理方验收的情况下开始混凝土浇筑；17时15分许，因天泵泵管发生故障停止混凝土浇筑；18时10分许，天泵泵管维修好重新进行混凝土浇筑；19时23分许，因混凝土工人在女儿墙终点端一次浇筑到压顶高度，又因压顶外挑450mm，导致模板及支撑体系偏心受力而外倾失稳，向外侧倾覆坍塌，推倒外双排钢管脚手架，致使4名工人从12.9m高处坠落地面死亡（图1、图2）。

图1 事故现场照片

图2 事故发生后现场救援照片

事故原因：作业工人在裙楼女儿墙模板及支撑体系无有效加固的情况下，一次性浇筑混凝土高度过高（方案为300mm，实际为1600mm）、顺序错误（正确顺序为每层从起点一端向终点一端依次分层浇筑后，再从起点一端向终点一端浇筑；工人实际浇筑为从终点一端向起点一端超高浇筑），在终点端一次浇筑到压顶高度，由于压顶外挑450mm，导致模板及支撑体系偏心受力而外倾失稳，向外侧倾覆坍塌，推倒外双排钢管脚手架，致使4名工人从12.9m高处坠落地面死亡。

案例4：2020年湖北省武汉市"1·5"高支模坍塌事故

事故简介：2020年1月5日15时30分左右，武汉市某旅游开发项目一期一（1）二标段发生一起较大坍塌事故，造成6人死亡、6人受伤，直接经济损失1115万元。

事故经过：1月5日8时左右，某建筑劳务有限公司泥工班等9人来到施工现场，其中1人负责在混凝土泵车上放料，其余8人负责在屋面进行浇筑混凝土。木工班2人在下方架体内观察混凝土浇筑时架体的状态，并处置异常情况。某混凝土有限公司混凝土泵车操作员在浇筑作业面操作混凝土泵车，负责遥控打泵。施工员在浇筑作业面负责现场施工管理。

如图1所示，1月5日10时左右，完成KZ1框架柱的浇筑。10时30分，完成KZ3框架柱的浇筑。12时左右，完成A作业面浇筑。12时30分左右吃完午饭后，接着浇筑门楼四周大梁。14时50分左右，开始对B、C、D作业面进行浇筑，此时合计浇筑了160多m³混凝土（总浇筑量为180m³）。15时30分左右，在浇筑E作业面过程中，门楼中间部位（B作业面）突然塌陷，随即整个门楼全部垮塌，造成12名施工人员被困（图2、图3）。事故发生后，现场人员立即拨打110、120、119等急救电话。

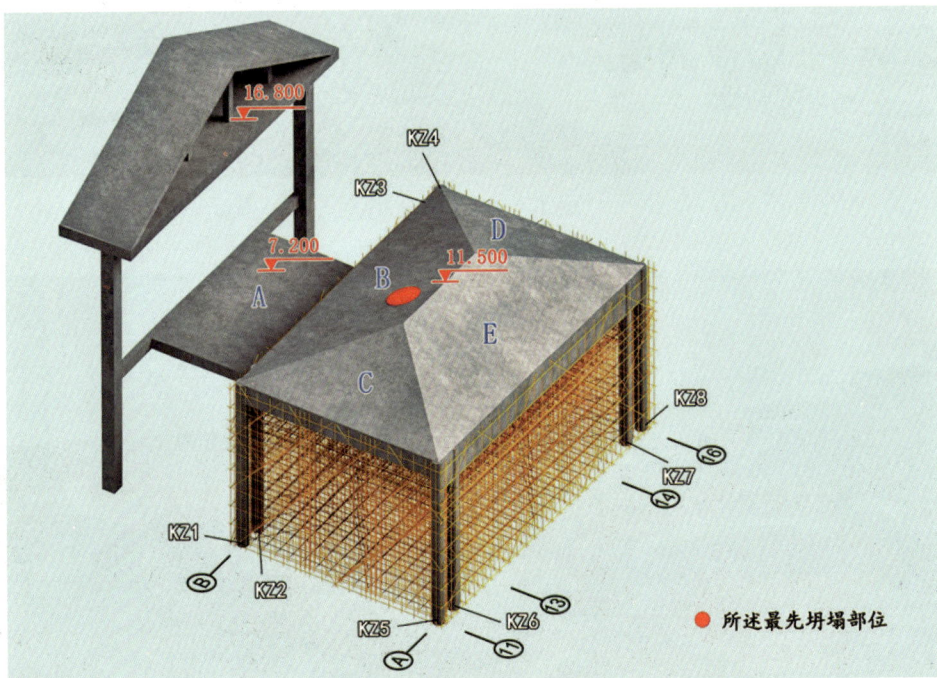

图1　门楼立面示意图

图2　门楼倒塌后现场图

图3　事故发生后的现场照片

事故原因:

1. 现场勘验及测量结果分析

在对15处现场未遭破坏的脚手架立杆步距测量后,发现有9处脚手架立杆步距超出施工方案中脚手架立杆步距1.2m的要求,脚手架实际搭设不符合施工方案要求。400mm×1200mm大梁下方双排支撑立杆、扫地杆及第一步水平杆处均缺少纵向水平杆。

2. 材料取样检测情况

事故发生后,市建设工程安全监督站组织江夏区建筑管理站、武汉巴登城投资有限公司、山河建设集团有限公司对事故现场钢管、顶托、扣件等材料进行取样,委托湖北省建筑工程质量监督检验测试中心进行检测,发现部分直角扣件抗破坏性能不合格、旋转扣件抗滑及抗破坏性能不合格、可调托撑部分抗压性能不合格、钢管弯曲试验不合格。

3. 实际施工情况验算情况

现场轴线处 400mm×1200mm 梁底下方双排支撑立杆扫地杆及第一步水平杆处均缺少纵向水平杆。按最不利受力情况考虑，步距取 2600mm，钢管壁厚取现场检测平均壁厚 2.4mm 计算，该处立杆长细比及稳定性均不满足安全技术规范要求。

现场坡屋面混凝土浇筑未按照方案规定进行对称浇筑，产生的附加弯矩导致 B 轴线处 400mm×2560mm 梁底支撑立杆稳定性超出安全技术规范要求。

综上，事故调查组依据法律、法规相关规定，通过调查取证和综合分析，认定造成事故的原因如下：

门楼高大模板支撑体系架体未按照施工方案要求进行搭设，轴线处 400mm×1200mm 梁支架沿梁跨度方向扫地杆、第一步水平杆缺失，使得水平杆步距超过方案设计步距的两倍以上，致使梁支架的稳定性不满足设计承载要求，且门楼高大模板支撑体系在搭设完毕后未按要求进行验收。

现场在进行浇筑时，违反专项施工方案中采用对称浇筑的要求，对门楼坡屋面采用不对称浇筑，实际产生的附加弯矩增加了 B 轴线处 400mm×2560mm 梁支架立杆承受的压力，导致该处梁支架稳定性不满足设计承载要求。现场浇筑完竖向结构（KZ1 和 KZ3 两根框架柱）后，未按照方案中"竖向结构强度达到 50% 以后，再浇水平构件"的要求，随即开始梁板浇筑，由于竖向结构强度不够，B 轴线处 400mm×2560mm 梁钢筋随支架变形下挠，将框架柱拉倒，增加了事故的规模和惨烈程度。

事后经对现场高大模板支撑体系架体材料（钢管、扣件、可调顶托）进行取样并送检，发现部分材料不合格，导致架体承载力及稳定性低于专项方案的设计预期。上述原因叠加，导致事故发生。

案例 5：2020 年广东省汕尾市"10·8"较大建筑施工事故

事故简介： 2020 年 10 月 8 日 10 时 50 分，某工程业务楼的天面构架模板发生坍塌事故，造成 8 人死亡、1 人受伤，事故直接经济损失共约 1163 万元。

事故经过： 2020 年 10 月 8 日 8 时 10 分左右，9 名混凝土工人（班组领班：潘某全）在业务楼天面顶开始浇筑混凝土，泵车控制员朱某澡在屋面上操作泵车，混凝土工人先浇筑天面飘板混凝土，由于泵车泵臂长度不够，9 名混凝土工人和泵车控制员转为浇筑天面构架四根框架柱混凝土，再浇筑天面构架梁和挂板。

浇筑完两车混凝土后，因混凝土供料中断，领班潘某全下楼找项目部调料，约 1h 后，第三车混凝土到场，开始浇筑构架梁和挂板，在第三车混凝土接近浇筑完时（10 时 50 分许），支撑体系失稳导致坍塌，泵车控制员朱某澡跳至屋面层（受伤人员），潘某全正在上楼，其他 8 名工人随同坍塌架体跌落至地面（图 1～图 4）。

事故原因： 经调查，此次事故的直接原因有：

1. 违规直接利用外脚手架作为模板支撑体系，且该支撑体系未增设加固立杆，也没有与已经完成施工的建筑结构形成有效的拉结；

2. 天面构架混凝土施工工序不当，未按要求先浇筑结构柱，待其强度达到 75% 及以上后再浇筑屋面构架及挂板混凝土，且未设置防止天面构架模板支撑侧翻的可靠拉撑。

图 1　事故发生前现场

图 2　事故发生后东侧脚手架局部坍塌

图 3　外脚手架钢管严重变形

图 4　屋面新浇混凝土框架柱倾覆

（三）模板支架拆除及滑模、爬模爬升时，混凝土强度未达到设计或规范要求。

【解读】

本条款主要依据是：

1.《混凝土结构工程施工规范》GB 50666—2011 第 4.5.2 条：底模及支架应在混凝土强度达到设计要求后再拆除；当设计无具体要求时，同条件养护的混凝土立方体试件抗压强度应符合表 4.5.2 的规定。

2.《滑动模板工程技术标准》GB/T 50113—2019 第 6.6.3 条：初滑时，宜将混凝土分层交圈浇筑至 500mm～700mm（或模板高度的 1/2～2/3）高度，待第一层混凝土强度达到 0.2MPa～0.4MPa 或混凝土贯入阻力值为 0.30kN/cm^2～1.05kN/cm^2 时，应进行（1～2）个千斤顶行程的提升，并对滑模装置和混凝土凝结状态进行全面检查，确定正常后，方可转为正常滑升。

3.《建筑施工模板安全技术规范》JGJ 162—2008 第 6.4.3 条第 4 款：……4 大模板爬升时，新浇混凝土的强度不应低于 1.2N/mm^2。支架爬升时的附墙架穿墙螺栓受力处的新浇混凝土强度应达到 10N/mm^2 以上。

【事故案例】

案例1: 2016年黑龙江省绥化市"10·24"模架坍塌较大事故

事故简介: 2016年10月24日,黑龙江省绥化市明水县发生建筑施工坍塌事故,造成3人死亡、1人受伤。

事故经过: 明水县某小区一期C区8号与11号槽房(二层商服楼)于2016年9月27日开工建设,10月16日二楼柱、梁、板混凝土浇筑完成。10月23日施工现场实际负责人武某龙指挥木工张某军等人对一层模板进行拆除,24日16时50分拆除完成,当晚20时30分许,工地质量负责人张某雷看到商服楼内有火光前去查看,发现武某龙和施工人员张某、徐某来在该楼一层主体内采用明火烘烤,张某雷前去制止,与武某龙发生争吵,张某雷由于害怕武某龙打他就往楼外跑,在此过程中,该楼发生部分坍塌,裙房二层楼板中部坍塌,主体两端墙体、梁、板坍塌,整体坍塌形状呈倒三角形。武某龙、张某、徐某来被埋在内,张某雷腿部被压在坍塌的建筑物中,后被救出(图1)。

图1 坍塌事故现场照片

事故原因: 发生事故的在建二层商服主体施工现场冬期施工时间长,混凝土强度增长慢,施工违反《混凝土结构工程施工规范》GB 50666—2011第4.5.2条及《建筑施工模板安全技术规范》JGJ 162—2008第7.1.1、7.1.2条的相关规定,混凝土强度没有达到拆模条件,未经批准和计算,强行提前拆模,导致混凝土构件破坏,是明水县仕林苑一期C区8号与11号楼间裙房坍塌的直接原因。

案例2: 2016年江西省丰城市"11·24"电厂施工平台倒塌事故

事故简介: 2016年11月24日,某电厂三期扩建工程发生冷却塔施工平台坍塌特别重大事故,造成73人死亡、2人受伤,直接经济损失10197.2万元。

事故经过: 2016年11月24日6时许,混凝土班组、钢筋班组先后完成第52节混凝土浇筑和第53节钢筋绑扎作业,离开作业面。5个木工班组共70人先后上施工平台,分布在筒壁四周施工平台上拆除第50节模板并安装第53节模板。此外,与施工平台连接的平桥上有 2 名平桥操作人员和 1 名施工升降机操作人员，在 7 号冷却塔底部中央竖井、水池底板处有 19 名工人正在作业。

7 时 33 分，7 号冷却塔第 50～52 节筒壁混凝土从后期浇筑完成部位（西偏南 15°～16°，距平桥前桥端部偏南弧线距离约 28m 处）开始坍塌，沿圆周方向向两侧连续倾塌坠落，施工平台及平桥上的作业人员随同筒壁混凝土及模架体系一起坠落，在筒壁坍塌过程中，平桥晃动、倾斜后整体向东倒塌，事故持续时间 24s（图 1～图 3）。

图 1　事故现场鸟瞰图

图 2　第 49 节筒壁顶部残留钢筋

图 3　事故现场坍塌平桥

事故原因：事故调查组委托检测单位进行了同条件混凝土性能模拟试验，采用第49～52节筒壁混凝土实际使用的材料，按照混凝土设计配合比的材料用量，模拟事发时当地的小时温湿度，拌制的混凝土入模温度为 8.7～14.9℃。试验结果表明，第50节模板拆除时，第50节筒壁混凝土抗压强度为 0.89～2.35MPa；第51节筒壁混凝土抗压强度小于 0.29MPa；52节筒壁混凝土无抗压强度。而按照国家标准中强制性条文，拆除第50节模板时，第51节筒壁混凝土强度应该达到 6MPa 以上。

对 7 号冷却塔拆模施工过程的受力计算分析表明，在未拆除模板前，第50节筒壁根部能够承担上部荷载作用，当第50节筒壁 5 个区段分别开始拆除后，随着拆除模板数量的增加，第50节筒壁混凝土所承受的弯矩迅速增大，直至超过混凝土与钢筋界面粘结破坏的临界值。

综上，该起事故原因是：在 7 号冷却塔第50节筒壁混凝土强度不足的情况下，违规拆除模板（滑模与支撑体系），致使筒壁混凝土失去模板支护，不足以承受上部荷载，造成第50节及以上筒壁混凝土和模架体系连续倾塌坠落。除此之外，施工单位为完成工期目标，施工进度不断加快，导致拆模前混凝土养护时间减少，混凝土强度发展不足；筒壁工程施工方案存在严重缺陷，未制定针对性的拆模作业管理控制措施；对试块送检、拆模的管理失控，在实际施工过程中，劳务作业队伍自行决定拆模。

五、脚手架工程重大事故隐患判定标准

第七条 脚手架工程有下列情形之一的，应判定为重大事故隐患：

（一）脚手架工程的地基基础承载力和变形不满足设计要求。

【解读】

本条款对脚手架地基、基础施工安全规定以及脚手架所受荷载、搭设高度、搭设场所等做出要求。本条款主要依据如下：

1.《建筑施工扣件式钢管脚手架安全技术规范》JGJ 130—2011 第7.2.1条：脚手架地基与基础的施工，应根据脚手架所受荷载、搭设高度、搭设场所土质情况与现行国家标准《建筑地基基础工程施工质量验收规范》GB 50202 的有关规定进行。

2.《建筑与市政地基基础通用规范》GB 55003—2021 第4.1.1条：

4.1.1 地基设计应符合下列规定：

1 地基计算均应满足承载力计算的要求；

2 对地基变形有控制要求的工程结构，均应按地基变形设计；

3 对受水平荷载作用的工程结构或位于斜坡上的工程结构，应进行地基稳定性验算。

【事故案例】

案例：2021年广西壮族自治区柳州市"9·10"脚手架坍塌较大事故

事故简介： 2021 年 9 月 10 日，某采石场环境整治与恢复工程山体复绿作业过程中发生一起脚手架坍塌事故，导致 4 人死亡，2 人受伤，直接经济损失 491 万元。

事故经过： 2021 年 9 月 10 日上午 7 时左右，杨某文、云某才、贾某辉、马某一、马某二等人来到该采石场环境整治与恢复工程 D 区第二台阶平台准备进行边坡绿化作业脚手架搭设。当天下午 3 时左右到达 D 区第二台阶平台稍作休息后，杨某文、云某才、贾某辉、马某一等 4 人爬上左侧脚手架，杜某塘、马某荣等人爬上中间的脚手架开始搭设作业，马某二等人在下方操作简易卷扬机运输材料，其余的人员在右侧脚手架，此时左侧脚手架突然发生坍塌，与其相连的中间的脚手架也部分坍塌变形，杨某文、云某才、贾某辉、马某一随脚手架坠落，并被埋在钢管下方，杜某塘、马某荣 2 人也随同一起坠落（图 1）。

图 1　事故现场图

事故导致 4 人死亡，2 人受伤，D 区第二台阶上左侧脚手架完全坍塌，中间的脚手架部分坍塌变形，现场人员随后拨打了 110 报警电话和 120 急救电话，并向上级单位及相关部门汇报了事故情况。120 急救人员到达现场后，迅速将 2 名伤者送至市龙潭医院救治。柳州消防救援支队组织人员到现场救援，被埋人员陆续被救出，至下午 5 时 30 分左右，最后一名被埋人员被救出。截至 2021 年 11 月 30 日，直接经济损失 491 万元。

事故原因：脚手架使用不符合施工方案的构件，未按施工方案搭设，导致架体基础不牢、受力不均、结构不稳，脚手架搭设至一定高度后，上方质量增大，受力变化，变形失稳，进而膨胀钩受力变形，拉结绳脱钩，或者把膨胀钩拉脱离开岩面，逐步造成连锁反应，最终造成脚手架坍塌。

（二）未设置连墙件或连墙件整层缺失。

【解读】

连墙件是连接脚手架与主体结构的构件，起到固定和稳定脚手架的作用。在施工过程中，连墙件可以提供侧向支撑，减少脚手架的变形，防止因风荷载、施工荷载等原因导致脚手架的倾覆。本条款的主要依据：

《施工脚手架通用规范》GB 55023—2022 第 5.4.2 条 3 款：3　作业脚手架连墙件应随架体逐层、同步拆除，不应先将连墙件整层或数层拆除后再拆架体。

《施工脚手架通用规范》GB 55023—2022 第 4.4.6 条：

4.4.6　作业脚手架应按设计计算和构造要求设置连墙件，并应符合下列要求：

1　连墙件应采用能承受压力和拉力的刚性构件，并应与工程结构和架体连接牢固；

2　连墙点的水平间距不得超过 3 跨，竖向间距不得超过 3 步，连墙点之上架体的悬臂高度不应超过 2 步；

3　在架体的转角处、开口型作业脚手架端部应增设连墙件，连墙件竖向间距不应大于建筑物层高，且不应大于 4m。

【事故案例】

案例 1：2015 年广西壮族自治区南宁市"3·26"外脚手架坍塌较大事故

事故简介： 2015 年 3 月 26 日上午，广西壮族自治区南宁市一在建工业标准厂房脚手架发生坍塌事故，造成 3 人死亡，3 人重伤，7 人轻伤。

事故经过： 在建厂房的外墙工程已经做完，工人当天开始从上往下拆除脚手架，事发时已拆到第 6 层。当天 8 时 30 分左右，脚手架出现轻微摇摆后，一侧首先发生坍塌，然后拉倒其他部分，导致整面墙壁的脚手架全部坍塌。坍塌的脚手架散落在两栋厂房中间的空地上，受到脚手架坍塌的影响，与之相连的其他两面墙壁外的脚手架也变形、松动。相邻在建厂房的脚手架被倒塌的脚手架砸中，出现不同程度损坏。随后，工地管理人员清点人数，发现人数不够，于是拨打电话报警。救援消防人员发现了 4 名工人被埋压的位置，清理脚手架钢管。十几分钟后，将 4 名伤者救出，送往医院救治。下午 1 时 30 分许，救援人员确认脚手架下已无被埋压人员后，宣布救援工作结束（图 1～图 3）。

图 1 事故现场图

图 2 脚手架扫地杆缺失

图 3 脚手架连墙件缺失

事故原因：三号标准厂房南面外脚手架连墙件数量严重不足，外架拉结不规范（斜拉、扣件松动，且很多已拆除），脚手架使用了不合格扣件且未按专项施工方案搭设；施工作业人员违规将拆除的钢管、扣件及脚手板堆放于架体上增加荷载，以上是导致架体失稳坍塌的直接原因。

案例2：2021年安徽省广德市"7·23"脚手架坍塌较大事故

事故简介：2021年7月23日6时30分，广德市某公司在建厂房（车间三）发生脚手架坍塌较大建筑施工事故，造成3人死亡。

事故经过：某脚手架搭建有限公司开始在该公司建设厂房搭建脚手架，搭建完成后未经施工单位、监理单位开展三方验收即投入使用。

2021年7月21日晚，因车间三墙体砌筑需要，吕某君联系汽车起重机司机黄某兵，并由他联系增加一名汽车起重机司机高某同，同时帮忙吊砖。7月22日早上5时30分左右，高某同到车间三施工现场，在瓦工班组的配合下，将砖吊运到北侧脚手架上，并码放在外脚手架第2步至第6步中间部位及第三层顶层，至当日18时左右吊运工作结束，共计吊运砖块约5000块。7月23日6时10分左右，瓦工班组长汪某朋安排6个大工（陈某平、吉某某日、邓某远、姜某祥、郝某、施某法）和4个小工（吴某梅、吉某某某作、邵香某、邵红某）在车间三北侧进行墙体砌筑。事发时陈某平、吉某某日、邓某远在第二步外脚手架进行墙体砌筑。施某法、吉某某某作在第二步内脚手架上接灰，姜某祥、郝某在地面砌墙，吴某梅、邵香某、邵红某在地面上灰、运灰。6时30分左右，车间三北侧外脚手架突然发生坍塌，外脚手架上作业的陈某平、吉某某日、邓某远从脚手架上坠落，并被坍塌的架体及砖块掩埋（图1）。

图1 脚手架坍塌事故现场

事故原因：该脚手架搭建有限公司未按《建筑施工扣件式钢管脚手架安全技术规范》JGJ 130—2011搭建脚手架，施工方案中连墙件为预埋短钢管利用水平拉杆扣件连接，未按三步两跨设置。现场实际连墙件形式为短钢管与钢板或角钢焊接，利用膨胀螺栓（一个螺栓）与混凝土梁侧向固定，连墙件设置间距为随层3~6跨。连墙件未按方案设置，架体连墙件设置不足，连墙件抗拉强度不足，扣件螺栓拧紧扭力矩严重不符要求，扣件抗滑力不足，且部分脚手架钢管锈蚀严重，钢管有开裂、孔洞现象。

案例3：2022年山东省日照市莒县"9·25"脚手架坍塌较大事故

事故简介： 2022年9月25日，莒县某水泥有限公司在组织项目施工时，发生脚手架坍塌事故，造成5人死亡、2人受伤，直接经济损失845.8万元。

事故经过： 2022年9月14日，某公司项目部经理谷某安排张某兴、张某勇、李某伟、张某4人搭设分解炉内脚手架，9月21日搭设完成。张某兴主要负责脚手架搭设，其他3人配合。脚手架采用落地式满堂脚手架，底部从分解炉约23.5m标高处开始搭设，搭设至约88m标高处，总高度64.5m。9月24日19时，分解炉耐火材料施工夜班（夜班工作时间为19时至次日7时）人员38人进场，分别在4个作业面工作，C2作业面13人，其中炉内作业人员12人；C3作业面11人，其中炉内作业人员7人；锥体作业面7人；烟室作业面7人。25日4时许，上料卷扬机发生故障，导致C2作业面因缺少B型耐火砖而无法继续镶贴。4时15分许，C2作业面人员发现脚手架西北侧有轻微倾斜；4时20分许，C2作业面在将一箱A型砖（264块）运至炉内后，炉内9名人员陆续离开镶贴工位到炉外平台休息。4时23分许，C3作业面发现脚手架架管松动，呼叫炉外人员找工具维修；4时25分许，C3作业面人员听到脚手架两声异响后，脚手架随即发生坍塌。C2作业面尚未来得及离开炉内的王某林等3人和C3作业面炉内作业人员李某峰等人随着脚手架坍塌坠落；其中，3人在工友帮助下脱困，7人被困。事故最终造成王某林、李某峰、李某荣、钱某有、钱某成5人死亡，郑某彦、曲某鑫2人受伤（图1）。

图1 事故救援图

事故原因：脚手架搭设存在结构性缺陷，未采用对接扣件接长，造成立杆竖向承载能力降低；新增炉体部分脚手架支撑体系不合理，水平杆承受立杆传递的竖向荷载；立杆数量不足，部分立杆间距过大，轴向应力严重超过钢管标准设计值；未设置竖向及水平剪刀撑，导致架体整体刚度不足；未设置有效连墙件，导致架体与炉体结构未形成有效连接；钢管、扣件质量不达标，扣件安装破坏、抗滑移性能、抗破坏性不合格率达到42%。事故原因还包括，施工荷载过大，实际荷载超过该作业面脚手架所能承受极限荷载1倍，导致C2作业面炉内架体首先破坏坍塌，坍塌物层层叠加，对下层架体冲击力层层加强，致使架体整体坍塌。

（三）附着式升降脚手架未经验收合格即投入使用。

【解读】

附着式升降脚手架这一中国独创的建筑施工装备仍处于高速发展期，现如今其安全性和经济性得到了建设单位、施工单位普遍认可与信赖。在住房和城乡建设部颁布的一系列规定中，附着式升降脚手架都是作为危大工程和重大事故隐患，成为安全监管的重要内容。附着式升降脚手架作为高层建筑外围护结构施工和防护脚手架，需根据工程项目实际情况进行机位布置和架体构造二次设计，属非定型类脚手架产品。附着升降脚手架属于脚手架范畴，其实质是为建筑施工提供作业场所的临时设施。拟建物不同，脚手架形式也随之变化。这与设备进工地后安装及使用有本质区别，因此，附着升降脚手架必须按照脚手架的要求进行管理。

本条款主要依据：

1.《建筑施工升降设备设施检验标准》JGJ 305—2013 第3.0.7条：严禁使用经检验不合格的建筑施工升降设备设施。

2.《建筑施工工具式脚手架安全技术规范》JGJ 202—2010 第8.1.3条：附着式升降脚手架首次安装完毕及使用前，应按照表8.1.3的规定进行检验，合格后方可使用。

3.《施工脚手架通用规范》GB 55023—2022 第6.0.4条5款：

6.0.4 脚手架搭设过程中，应下列阶段进行检查，检查后方可使用；不合格应进行整改，整改合格后方可使用：

5 附着式升降脚手架在每次提升前、提升就位后，以及每次下降前、下降就位后。

（四）附着式升降脚手架的防倾覆、防坠落或同步升降控制装置不符合设计要求、失效、被人为拆除破坏。

【解读】

本条款主要依据：

1.《施工脚手架通用规范》GB 55023—2022 第5.3.4条第3款、4款：

3 安全防护设施应齐全、有效，应无损坏缺失；

4 附着式升降脚手架支座应稳固，防倾、防坠、停层、荷载、同步升降控制装置应处于良好工作状态，架体升降应正常平稳。

2.《施工脚手架通用规范》GB 55023—2022 第5.3.10条、5.3.11条：

5.3.10 附着式升降脚手架在使用过程中不得拆除防倾、防坠、停层、荷载、同步升降控制装置。

5.3.11 当附着式升降脚手架在升降作业时或外挂防护架在提升作业时，架体上严禁有人，架体下方不得进行交叉作业。

3.《建筑施工工具式脚手架安全技术规范》JGJ 202—2010 第4.5.1条：

附着式升降脚手架必须具有防倾覆、防坠落和同步升降控制的安全装置。

4.《建筑施工工具式脚手架安全技术规范》JGJ 202—2010 第4.5.3条：防坠落装置必须符合下列规定：

1 防坠落装置应设置在竖向主框架处并附着在建筑结构上，每一升降点不得少于一个防坠落装置，防坠落装置在使用和升降工况下都必须起作用；

2 防坠落装置必须是机械式的全自动装置，严禁使用每次升降都需重组的；

3 防坠落装置技术性能除应满足承载能力要求外，还应符合表4.5.3的规定；

4 防坠落装置应具有防尘、防污染的措施，并应灵敏可靠和运转自如；

5 防坠落装置与升降设备必须分别独立固定在建筑结构上；

6 钢吊杆式防坠落装置，钢吊杆规格应由计算确定，且不应小于$\phi25mm$。

5.《建筑施工工具式脚手架安全技术规范》JGJ 202—2010 第4.8.6条：螺栓连接件、升降设备、防倾装置、防坠落装置、电控设备、同步控制装置等应每月进行维护保养。

【事故案例】

案例1：2011年陕西省西安市"9·10"爬架坍塌事故

事故简介： 2011年9月10日，某大厦项目施工现场，因脚手架架体整体突然坍塌，正在该大厦东立面脚手架上作业的12名作业人员自19层高处坠落，造成10人死亡、1人重伤、1人轻伤，直接经济损失约890万元。

事故经过： 2011年9月9日下午，某建筑工程有限公司该大厦项目部召开例会，生产负责人杜某勇安排外架班长梁某带领架子工把整体提升脚手架从20层落到16层。9月10日上午5时许，8名外墙装修人员登上位于该大厦20层高处脚手架上开始清洗外墙面；7时20分，外架班长梁某带领8名架子工人员开始进行整体提升脚手架的降架工作，同时架体上边还有8名工人在清洗外墙面，且清洗人员都集中在了楼体东边的架体上。8时20分左右，附着式升降脚手架东侧偏南共4个机位、长度约22m、高度14m的提升脚手架架体发生整体坍塌，致使12名作业人员（墙面砖勾缝作业工人6人、安装落水管工人2人、架体降架工人4人）随架体坠落至室外地面（图1～图4）。

事故原因： 作业人员违规操作，在没有事先悬挂电动葫芦、撤离非爬架操作人员的情况下，直接进行了脚手架拆除卸荷构件的作业，致使脚手架坠落。

图 1　施工现场图

图 2　脚手架坍塌

图 3　事故现场图

图 4　事故现场俯视图

案例2：2019年江苏省扬州市"3·21"爬架坍塌较大事故

事故简介： 2019年3月21日13时10分左右，扬州市某工程101a号交联立塔东北角16.5～19层处附着式升降脚手架（以下简称爬架）下降作业时发生坠落，坠落过程中与交联立塔底部的落地式脚手架（以下简称落地架）相撞，造成7人死亡、4人受伤，直接经济损失1038万元。

事故经过： 2019年1月16日至3月11日，因工程进度等原因，该工程建设方曾计划与施工单位中止施工合同，并通知监理单位暂停监理工作。后建设方商议施工单位复工。3月11日监理公司收到恢复工程的联系单，继续实施监理。

3月13日，施工单位项目部根据项目进展，计划对爬架进行向下移动，项目部吕某程和某公司一刘某伟等有关人员对爬架进行了下降作业前检查验收，并填写《附着式升降脚手架提升、下降作业前检查验收表》（该表删除了监理单位签字栏），检查结论为合格，监理公司未参加爬架下降作业前检查工作。同日，吕某程根据检查结论，向监理公司提交了"爬架进行下降操作告知书"，拟定于3月14日6时30分对爬架实施下降作业。在未得到监理公司同意下降爬架的情况下，刘某伟、吕某程组织爬架进行了分片下降作业。

3月16日，监理公司在进行日常安全巡查时发现101a号交联立塔西北侧爬架已下降到位，要求施工单位对已下行后的爬架系统进行检查验收，但未对爬架的下降行为进行制止。3月17日～19日刘某伟和吕某程又先后组织爬架相关人员对101a号交联立塔北侧主体爬架进行了下降作业。3月20日，101a号交联立塔东北角爬架开始下降，3月21日上午，某公司一架子工李某、龚某、堪某光、姚某朗等在班组长廖某红的带领下，继续对爬架实施下降。监理公司监理人员发现后，未向施工单位下发工程暂停令及其他紧急措施。10时12分，监理公司监理员李某杰在总监理、工程师张某德的安排下用微信向市安监站徐某报告，称"爬架系统正在下行安装（外粉），危险性大于上行安装，存在安全隐患，监理备忘录已报给业主方，未果，特此报备"。同时用微信转发了2018年6月26日《监理备忘》，内容为"鉴于爬架专业分包单位项目经理不到岗履职，相关爬架验收资料该项目经理签字非本人所为，违反危险性较大的分部分项安全管理规定，存在安全隐患；要求总包单位加强专业分包的管理，区分监理安全管理责任，特此备忘"。徐某随即电话联系扬州市某工程技术咨询有限责任公司设备检测部主任高某伟，询问爬架下行隐患及注意事项。10时24分，徐某电话联系施工单位生产经理胡某，并将该《监理备忘》微信转发胡某。胡某接到徐某电话后，将《监理备忘》微信转发给吕某程。

3月21日上午，施工单位项目部工程部经理杨某口头通知某公司二施工员励某坚，要求组织劳务工在落地架上进行外墙抹灰作业，另外安排一个劳务工去东北角爬架上进行补螺杆洞作业。励某坚安排奚某水、孙某木、张某阳、徐某雨、王某平、凌某堂、孙某月7人在落地架上进行抹灰，安排宋某林在爬架上进行补螺杆洞。

工地工人下午上班时间是12时30分。项目部管理人员上班时间是13时30分，13点10分左右，101a号交联立塔东北角爬架（架体高约22.5m×长约19m，重20余t）发生坠落，架体底部距地面高度约92m。爬架坠落过程中与底部的落地架相撞（落地架顶端离地面约44m），导致部分落地架架体损坏（图1~图4）。事故发生时，某公司一共有5名架子工在爬架上作业；某公司二有1名员工在爬架上从事补洞作业，有7名员工在落地架上从事外墙抹灰作业（5名涉险）。施工单位、监理公司未安排人员在施工现场安全巡查。

事故原因： 违规采用钢丝绳替代爬架提升支座，人为拆除爬架所有防坠器、防倾覆装置，并拔掉同步控制装置信号线，在架体邻近吊点荷载增大，引起局部损坏时，架体失去超载保护和停机功能，产生连锁反应，造成架体整体坠落，是事故发生的直接原因。作业人员违规在下降的架体上作业和在落地架上交叉作业是导致事故后果扩大的直接原因。

图1 坠落位置

图2 架体坠落

图 3　事故架体的提升系统

图 4　事故现场图

（五）附着式升降脚手架使用过程中架体悬臂高度大于架体高度的 2/5 或大于 6 米。

【解读】

架体悬臂高度过高会增加脚手架的倾覆和坍塌风险，可能导致严重的安全事故（图 1）。本条款主要依据：

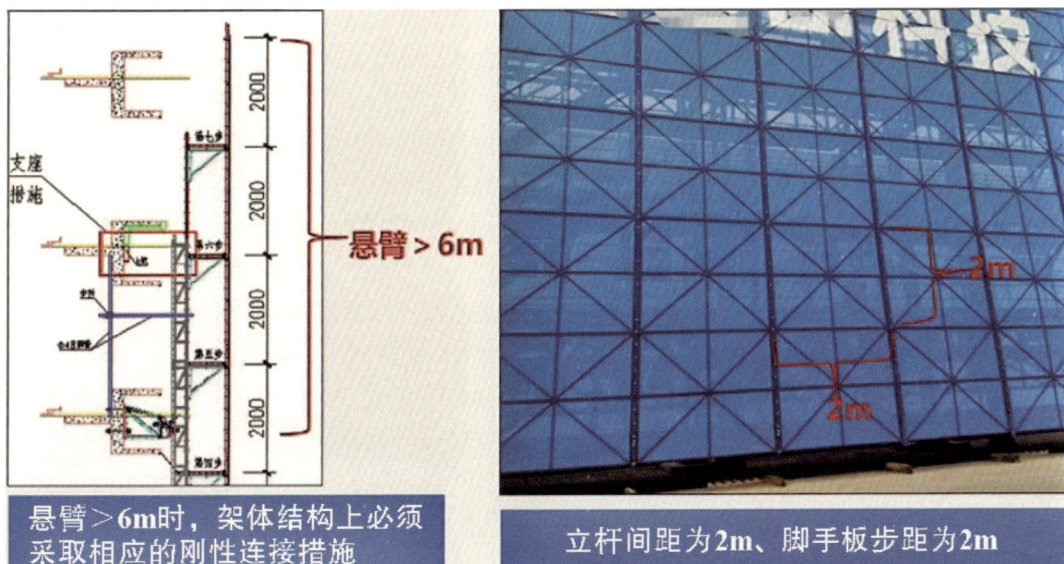

悬臂＞6m 时，架体结构上必须采取相应的刚性连接措施

立杆间距为 2m、脚手板步距为 2m

图 1　架体设置要求

1.《建筑施工工具式脚手架安全技术规范》JGJ 202—2010 第 4.4.8 条：架体悬臂高

度不得大于架体高度的 2/5，且不得大于 6m。

2.《建筑施工升降设备设施检验标准》JGJ 305—2013 第 4.2.4 条中第 6 款：6　在升降和使用工况下，架体悬臂高度均不应大于架体高度的 2/5，并不应大于 6m。

特别说明：使用过程包括爬架升降工况。升降工况 2 个支座比较普遍，悬臂都超标，而使用工况基本保证 3 个支座。

【总结】　模板支撑与脚手架重大事故隐患判定及预防措施建议

一、模板支撑与脚手架重大事故隐患判定考量因素

2017—2022 年，全国房屋市政工程共发生模板支撑体系和脚手架较大事故 15 起、死亡 70 人。2018—2020 年连续三年死亡人数上升，2020 年最多（6 起、27 人），2022 年未发生较大及以上事故，2017—2021 年，未发生重大及以上事故。具体事故明细见附录 4。

1. 从 2017—2022 年发生过模板支撑体系和脚手架较大事故的地区统计来看，有四川、云南、浙江、江苏、广东等 11 个地区发生。上述发生事故地区大部分在南部地区，主要原因为：南部省市建设规模较大，高支模体系应用较多，多采用梁板柱同时浇筑的方式，发生事故的概率比较大，也应纳入重大事故隐患的判定标准。

2. 从 2017—2022 年发生过模板支撑体系和脚手架较大事故企业资质情况看，特级企业发生模板支撑体系和脚手架事故 5 起、死亡 7 人，分别占总数的 3.09% 和 3.55%；一级企业发生事故 57 起、死亡 69 人，分别占总数的 35.19% 和 35.03%；二级企业发生事故 56 起、死亡 60 人，分别占总数的 34.57% 和 30.46%；三级企业发生事故 31 起、死亡 45 人，分别占总数的 19.14% 和 22.84%；另有 13 起事故的施工单位无资质非法从事施工活动。上述统计表明，特级企业对模板支撑体系和脚手架的管理比较重视，安全管理比较到位。事故多发生在一级企业和二级企业，在重大事故隐患判定时应予以额外关注，重点加强监管。

3. 从 2017—2022 年发生的模板支撑体系和脚手架较大事故项目类型来看，最多的是住宅项目，发生事故 8 起、死亡 42 人，分别占总数的 53.33% 和 60.00%；其次为公共建筑项目，发生事故 4 起、死亡 18 人，分别占总数的 26.67% 和 25.71%；市政基础设施项目发生事故 3 起、死亡 10 人，分别占总数的 20.00% 和 14.29%。从项目类型来看，三者总的事故和较大事故的比率基本相同。公共建筑项目多为政府工程，政府工程的建设单位对安全生产管理工作相对比较重视，安全生产防护投入高，所以事故发生的比率相对较低。市政基础设施工程使用模板支撑体系和脚手架较少，所以发生事故的起数相对较低。

4. 从 2017—2022 年发生模板支撑体系和脚手架较大及以上事故的时间来看，起数最多的为 9 月，发生事故 4 起、死亡 14 人，其次为 1 月、3 月、7 月、11 月，各发生 2 起事故、死亡人数分别为 11 人、11 人、8 人、9 人。2 月、4 月、5 月、12 月无较大及以上事故。从上述事故发生时段分析来看，每年的第 4 季度至次年 1 月为岁末年初阶段，是工程项目完成年度建设任务的关键期，施工企业抢进度、赶工期意愿强烈，且随着天气转冷，雨雪冰冻、大风寒潮等灾害性天气多发，各类安全风险交织叠加，再加上春节前施工人员思归，易引发情绪波动，导致该阶段事故多发频发。

5. 从 2017—2022 年发生的模板支撑体系和脚手架较大事故作业环节来看，发生最多

的为混凝土浇筑阶段，发生事故 11 起、死亡 51 人；混凝土预压阶段发生事故 2 起、死亡 13 人；其他作业阶段发生事故 2 起、死亡 6 人。模板浇筑过程中，振捣等动力作用是影响模板支撑体系稳定的重要原因，加之模架搭设不规范、不按标准工序浇筑混凝土等问题交织，导致模板支撑体系失稳坍塌。模板支撑体系的动力稳定承载力小于静力稳定承载力（前者约为后者的 75%），所以大部分坍塌事故发生在动力作用相对集中的混凝土浇筑中期和后期。

二、模板支撑与脚手架事故预防建议

1. 目前模板支撑和脚手架事故几乎都涉及构成架体的主要材料（钢管、扣件）不合格。据统计，扣件式钢管模板支撑体系坍塌事故占模板支撑体系和脚手架事故总数的 84%，是此类事故的主要类型。因此，应当加快模板支撑体系和脚手架升级换代，采用更合理、安全系数更高的新型脚手架结构代替传统扣件式钢管脚手架。

2. 造成模板支撑和脚手架作业坍塌事故的原因中，模架普遍存在的问题为立杆间距、步距未按方案实施，梁底立杆缺失，水平杆件缺失，顶托自由端超高，楼板主龙骨间距过大；外架存在的问题有基础不牢或塌陷，立杆悬空，与内架拉结或拉结点缺失，立杆间距过大或缺失，或落地架落顶板无计算无回顶。以上问题现场与技术脱节，方案验收流于形式。

3. 混凝土浇筑过程中切记不能梁、板、柱同时浇筑，在浇筑中、后期阶段，要安排专人加强对架体变形和位移情况的监测，发现事故征兆要立即组织人员撤离现场，有效预防人员伤亡事故的发生。

4. 每年 1 月、第四季度等重点时段，企业和项目加大模板支撑体系和脚手架工程隐患排查治理力度。

5. 建筑施工企业加强对架子工安全交底和现场作业的管理，按照标准规范搭设模板支撑体系和脚手架，浇筑混凝土，减少违章指挥和违规操作行为。

六、起重机械及吊装重大事故隐患判定标准

第八条 起重机械及吊装工程有下列情形之一的，应判定为重大事故隐患：

（一）塔式起重机、施工升降机、物料提升机等起重机械设备未经验收合格即投入使用，或未按规定办理使用登记。

【解读】

本条款旨在确保起重机械设备在投入使用前满足安全标准，防止因设备问题引发事故。本条款主要依据：

1.《建筑起重机械安全监督管理规定》第二条：……本规定所称建筑起重机械，是指纳入特种设备目录，在房屋建筑工地和市政工程工地安装、拆卸、使用的起重机械。

《建筑起重机械安全监督管理规定》第十六条：建筑起重机械安装完毕后，使用单位应当组织出租、安装、监理等有关单位进行验收，或者委托具有相应资质的检验检测机构进行验收。建筑起重机械经验收合格后方可投入使用，未经验收或者验收不合格的不得使用。……

2.《建筑起重机械安全监督管理规定》第十七条：使用单位应当自建筑起重机械安装验收合格之日起 30 日内，将建筑起重机械安装验收资料、建筑起重机械安全管理制度、特种作业人员名单等，向工程所在地县级以上地方人民政府建设主管部门办理建筑起重机械使用登记。……

3. 原质检总局关于修订《特种设备目录》的公告（2014 年第 114 号）：塔式起重机、施工升降机和物料提升机是房屋建筑工地和市政工程工地使用最普遍、发生安全生产事故最多的特种设备。

【事故案例】

案例 1：2018 年山东省菏泽市"10·5"塔式起重机顶升较大事故

事故简介： 2018 年 10 月 5 日 9 时左右，菏泽市某项目 1 号楼工程施工工地发生一起建筑塔式起重机倒塌事故，造成 3 人死亡，直接经济损失 375 万元。

事故经过： 2018 年 10 月 5 日早晨，菏泽市开发区某机械设备租赁有限公司法人李某进通知葛某灿、杨某保、高某鹏到该项目 1 号楼工地，对塔式起重机进行顶升加节作业。8 时左右，3 人到达施工现场，开始作业。9 时许，在第 33 节顶升 1 个行程（1.25m）后，由于顶升套架西南角销轴（比标准件细20%以上）抽出，而北面销轴未抽出，顶升套架北侧顶升踏步被顶升横梁蹭断，造成塔式起重机整体向西北方向倒塌，套架解体，3名作业人员从高处坠落，2人当场死亡，1人经抢救无效死亡（图1）。

图1　塔式起重机倒塌事故现场

事故原因： 塔式起重机初装完毕和加装附着后未组织监理、安装、出租等单位进行现场验收。操作人员在塔式起重机顶升中，违章上岗作业，顶升套架两侧换步销轴直径相差0.3cm，塔式起重机重心向北侧偏移，造成顶升横梁换步时北侧标准节耳板受力过大断裂（事发标准节耳板比下部标准节耳板薄20%以上），塔式起重机上部下蹲，顶升套架解体，塔式起重机上部失去支撑力，整体向西北方向翻滚倒塌。

案例2：2019年河北省衡水市"4·25"施工升降机坠落事故

事故简介： 2019年4月25日上午7时20分左右，河北省衡水市某项目1号楼建筑工地，发生一起施工升降机轿厢（吊笼）坠落的重大事故，造成11人死亡、2人受伤。

事故经过： 根据监控录像显示（已校准为北京时间），2019年4月25日6时36分，某建筑公司施工人员陆续到达该项目工地，做上班前的准备工作。步某民等11人陆续进入施工升降机东侧轿厢（吊笼），准备到1号楼16层搭设脚手架。6时59分，施工升降机操作人员解某玉启动轿厢，升至2层时添载1名施工人员后继续上升。7时06分，轿厢（吊笼）上升到9层卸料平台（高度24m）时，施工升降机导轨架第16、17标准节连接处断裂、第3道附墙架断裂，轿厢（吊笼）连同顶部第17至第22节标准节坠落在施工升降机地面围栏东北侧地下室顶板（地面）码放的砌块上，造成11人死亡、2人受伤。经查，事故发生时，施工升降机坠落的东侧轿厢（吊笼）操作人员为解某玉。解某玉未取得建筑施工特种作业资格证（施工升降机司机），为无证上岗作业（图1、图2）。

事故原因（之一）： 施工升降机的加节、附着作业完成后，重生产轻安全，未组织验收即投入使用。收到停止违规使用的监理通知后，仍继续使用，最终导致11人死亡。

图1　轿厢坠落地面现场

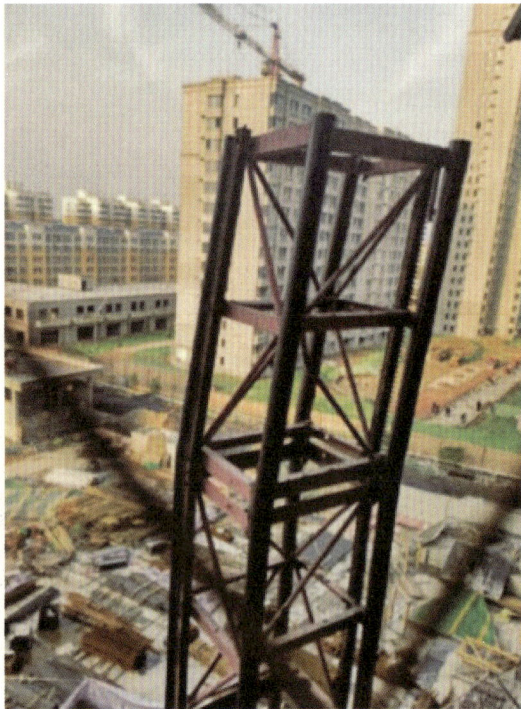

图2　导轨架标准节断裂处

（二）塔式起重机独立起升高度、附着间距和最高附着以上的最大悬高及垂直度不符合规范要求。

【解读】

本条主要依据：

1.《建筑机械使用安全技术规程》JGJ 33—2012 第4.4.16条：

1　附着建筑物的锚固点的承载能力应满足塔式起重机技术要求。附着装置的布置方式应按使用说明书的规定执行。当有变动时，应另行设计。

2　附着杆件与附着支座（锚固点）应采取销轴铰接。

6　塔身顶升到规定附着间距时，应及时增设附着装置。塔身高出附着装置的自由端高度，应符合使用说明书的规定。

2.《建筑施工塔式起重机安装、使用、拆卸安全技术规程》JGJ 196—2010 第5.0.7条：拆卸时应先降节，后拆除附着装置。

【事故案例】

案例：2018年陕西省汉中市"12·10"塔式起重机倒塌较大事故

事故简介： 2018年12月10日8时许，位于汉中市南郑区梁山镇龙岗新区，由某建设工程有限公司承建的某项目工地 4 号塔式起重机突然发生坍塌，造成包括塔式起重机司机在内共 3 人死亡的较大事故，直接经济损失 450 余万元。

事故经过： 2018 年 12 月 10 日上午 8 时，4 号楼塔式起重机司机李某强、信号工许某刚、蒋某云（均持有合法有效的特种作业操作证）正常上班。8 时 06 分，李某强操作 4 号楼塔式起重机从工地搅拌站（塔机中心点北东方位 33°，直距 12.7m）吊运一斗 M5 水泥砂浆（约 1.7t）至 5 号楼基坑（塔机中心点北西方位 24°，距离 53.24m，高差 5m）时，塔式起重机上部从附着处开始向北西方位倾斜。8 时 07 分，倾斜的塔身南东方位主弦杆（受拉力最大点）角钢从 25.8m 处（第七标准节下部）突然断裂，塔身上部自断裂处瞬间向北西方位倾翻，起重臂自远而近首先坠地。由于起重臂坠地对塔身向北西方位倾翻造成阻力，故塔身向西扭曲后倾翻倒地。在塔式起重机上部倾翻的过程中，塔式起重机平衡臂尾部的 6 块钢筋混凝土配重（总重 12440kg）从空中散落砸在木工棚上，致使木工棚瞬间垮塌，正在木工棚内作业的木工万某平、谭某志两人被压埋，塔式起重机司机李某强被抛出驾驶室坠落地面。经诊断李某强、万某平已当场死亡，谭某志经紧急送汉中市中心医院抢救无效于 11 时 20 分死亡（图 1、图 2）。

图 1　塔式起重机倒塌事故现场

图 2　塔身断裂处

事故原因：事故塔式起重机采用多型号、多批次、多厂家零部件拼凑、改装、部分主要结构件（如平衡臂）未按照生产厂家《安装使用说明书》要求进行配置，部分重要结构件（包括标准主弦杆）有严重的陈旧裂纹，附着装置设置不当导致自由端高度超过《安装使用说明书》规定，高达 25.5m，超过《安装使用说明书》规定达 13.33%，塔身自由端稳定性下降，以上原因共同作用下，最终导致塔式起重机倒塌事故发生。

（三）施工升降机附着间距和最高附着以上的最大悬高及垂直度不符合规范要求。

【解读】

此条款要求为塔式起重机使用中的技术问题和较大事故的原因分析中常见问题，但对于施工升降机，目前的法律、法规方面未见有要求。之所以规定该条款，是参考《建筑施工塔式起重机安装、使用、拆卸安全技术规程》JGJ 196—2010 第 5.0.7 条（强制性条文）"拆卸时应先降节，后拆除附着装置"的规定。

【事故案例】

案例 1：2016 年山东省龙口市"7·15"施工升降机坠落事故

事故简介：2016 年 7 月 15 日 17 时 35 分左右，龙口市某工程 29 号楼施工现场发生施工升降机坠落事故，升降机自 18 层楼处坠落，机内共有 8 人，坠落发生后被立即送往医院，经全力抢救无效死亡。

事故经过：2016 年 7 月 14 日，龙口市某机械设备租赁有限公司经理马某伟安排安装班长唐某功、安装人员谭某军到该工程 29 号楼，进行施工升降机加节作业。13 时 30 分左右，唐某功和谭某军两人到达建筑工地，联系了塔式起重机操作人员协助进行施工升降机加节作业。两人首先拆除了施工升降机限位器，又拆除了封头，借用工地钢筋工的对讲机与塔式起重机操作人员协调，吊装已连接在一起的标准节（6 个标准节连接在一起），先后共吊装两次，一共安装了 12 节标准节，高度达到 23 层楼高，在第 18 层顶端水平梁上架设了第 6 道附墙架。约 18 点 30 分，唐某功、谭某军两人在加装的标准节大部分仅安装了对角的 2 个螺栓、约 21 层楼高位置未架设附墙架的情况下，拉下施工升降机电闸后，下班离开工地。

7 月 15 日，因某小区建筑工地急需对塔式起重机进行顶升作业，唐某功安排谭某军等人去了另外工地进行塔式起重机顶升作业，未继续完成事故工程 29 号楼施工升降机的加节作业。15 日，龙口市有降雨直到 14 时左右雨停。14 时左右，唐某功来到事故工地，乘事故施工升降机至 17 楼，并爬到 24 层预埋塔式起重机附着套管，为一座在用塔式起重机顶升做准备，没有继续对施工升降机进行加节作业。约 17 时 35 分，韩某良等 7 名木工拟到 24 层进行模板支护作业，连同瓦工隋某双（工地指定施工升降机操作人员，无升降机操作资格证书）一起乘施工升降机西侧吊笼上行至约 19 层楼时，施工升降机导轨架上端发生倾覆，第 36 节标准节的中框架上所连接的第 6 道附墙架的小连接杆耳板断裂、大连接杆后端水平横杆撕裂，导轨架自第 34 节和第 35 节连接处断开，施工升降机西侧吊笼及与之相连的第 35～45 节标准节坠落地面，8 名乘坐施工升降机的人员随之一同坠落地面（图 1、图 2）。

图 1   施工升降机坠落事故现场

图 2   施工升降机事发前

事故原因：第 6 道附墙架以上导轨架自由端高度达到 14.25m，增加了自由端对导轨架中心产生的倾覆力矩，超出了附墙承载能力，导致附墙架断裂。

案例 2：2018 年河南省许昌市经济技术开发区"1·24"施工升降机拆除较大事故

事故简介：2018 年 1 月 24 日 14 时 47 分许，许昌市经济技术开发区某家园 1 期 5 号楼在施工升降机拆除作业过程中发生事故，造成 4 人死亡，直接经济损失 320 万元。

事故经过：因项目进展要求，施工单位需要将 5 号楼升降机进行拆除，经岳某稳介绍，华某联系了王某伟，2018 年 1 月 23 日上午，华某与王某伟在该家园 1 期项目部监理办公室商定了拆除 5 号楼升降机的相关事宜，项目总监代表王某纲、土建专业监理工程师吴某和均在现场。2018 年 1 月 24 日上午 9 时左右，王某伟组织李某民、李某辉、李某伟、王某刚 4 名没有施工升降机安装拆卸工操作资格证书的作业人员，违规进行拆除作业，施工方现场负责人刘某伟和监理吴某和对拆除作业没有制止。14 时 47 分许，作业至该楼地上 17 层时，施工升降机部分导轨架及两侧吊笼突然倾翻坠落，4 名拆除作业人员随吊笼一起坠落，造成 4 人死亡（图 1、图 2）。

事故原因：施工人员在未将已拆除的装载在西侧吊笼内的 4 节导轨架运至地面的情况下，违反操作规程提前拆除了附墙架，造成顶部的标准节悬臂端过长，严重恶化了标准节的受力状态。

图1　施工升降机事发前　　　　　　　图2　施工升降机坠落事发现场

（四）起重机械安装、拆卸、顶升加节以及附着前未对结构件、顶升机构和附着装置以及高强度螺栓、销轴、定位板等连接件及安全装置进行检查。

【解读】

本条款保证了起重机械的安装、拆卸等工程的安全，避免因缺乏必要的安全预防措施而导致意外事故的发生。本条款主要依据：

《建筑起重机械安全监督管理规定》第十二条第五款：（五）将建筑起重机械安装、拆卸工程专项施工方案，安装、拆卸人员名单，安装、拆卸时间等材料报施工总承包单位和监理单位审核后，告知工程所在地县级以上地方人民政府建设主管部门。

【事故案例】

案例1：2017年广东省广州市"7·22"塔式起重机倒塌事故

事故简介： 2017年7月22日18时30分许，广州市海珠区某集团南方总部基地B区项目发生一起塔式起重机倾斜倒塌事故，事故造成7人死亡、2人重伤，直接经济损失847.73万元。

事故经过： 发生事故塔式起重机于2016年6月30日在该工地首次安装使用，在2017年7月19日前进行了两次顶升作业，共安装顶升11个标准节。第三次顶升作业时间为2017年7月20日至22日，7月20日完成了第一道附着装置的安装，21日完成了3个标准节（第12~14个标准节）的安装；7月22日完成了3个标准节（第15~17个标准节）的安装，塔身高度104m，事故发生在第4个标准节（第18个标准节）与顶升套架连接的状态下内塔身顶升过程中，塔式起重机处于加完标准节已顶起内塔身第2个步距的状态，由顶升环节正转换至换步环节，左换步销轴已处于工作位置，右换步销轴处于非工作位置，此时塔身高度约110m（图1～图3）。

图1　塔式起重机事故施工现场

图2　塔式起重机倾覆过程中上部宏观结构

图3　塔式起重机倾覆过程中结构宏观图

据现场监控录像记录，事故发生前顶升作业的主要过程如下：

1）22日05时59分，塔式起重机司机到达塔式起重机司机室，开始吊运建筑材料。

2）07时42分，8名顶升作业人员抵达现场。6名登塔准备作业，2名在地面准备安全警戒及挂钩工作。

3）10时11分，地面工作人员卸下吊钩，装上顶升专用吊具。

4）11时11分，开始吊装第15个（22日第1个标准节）标准节的1/2组件。

5）12时53分，2名增援的顶升作业人员抵达现场，登塔参与顶升作业。

6）18时03分～18时07分，当第18个标准节完成加节，内塔身开始顶升4min左右时发生了本起事故。

事故原因：部分顶升工人违规饮酒后作业，未佩戴安全带，在塔式起重机右顶升销轴未插到正常工作位置，并处于非正常受力状态下，顶升人员继续进行塔式起重机顶升作业，顶升过程中顶升摆梁内外腹板销轴孔发生严重的屈曲变形，右顶升爬梯首先从右顶升销轴端部滑落；右顶升销轴和右换步销轴同时失去对内塔身荷载的支承作用，塔身荷载连同冲击荷载全部由左爬梯与左顶升销轴和左换步销轴承担，最终导致内塔身滑落，塔臂发生翻转解体，塔式起重机倾覆坍塌。

案例2：2020年广西壮族自治区玉林市"5·16"建筑施工较大事故

事故简介：2020年5月16日19时50分左右，玉林市某小区五期AI标1号、2号、5号楼工程在建工地发生1起施工升降机坠落事故，造成现场施工人员6人死亡，直接经济损失约为873万元。

事故经过：2020年5月16日19时40分左右，施工升降机司机周某明驾驶施工升降机，搭载塔式起重机指挥覃某江、混凝土工人杨某胜、混凝土工人杨某鼎、混凝土工人杨某流、混凝土工人罗某飞共6人，准备到A1标段1号、2号、5号楼项目的5号楼楼顶进行浇筑造型混凝土。原计划是搭乘施工升降机到32层（该楼地面以上32层），然后再通过到楼顶的楼梯通道走到楼顶层面。19时50分，施工升降机笼体底部上升到5号楼33层楼面（最高附墙以上，按照技术标准，施工升降机驾驶员应该在第32层层站时制动升降机停靠），施工升降机笼体发生侧翻，最终坠落到地面造成事故（连带32层1个附墙，最上面5个标准节等），事故造成搭乘施工升降机的6人中的3人当场死亡，另外3人重伤经送医后，于20时30分抢救无效死亡（图1、图2）。

图1　事故现场（地下室顶板位于5号楼东南侧）　　图2　顶部第6节标准节

事故原因：事故施工升降机导轨架顶部往下第5节标准节与第6节标准节连接位置左侧两根高强度螺栓缺失、未安装有效的上限位装置及上极限装置，某建筑工程有限公司将未经验收合格的施工升降机投入使用，施工升降机司机周某明违规操作，是造成事故的直接原因。

案例3：2020年山西省晋城市"11·4"施工升降机高处坠落较大事故

事故简介： 2020年11月4日12时44分许，晋城市某小区2号楼新建住宅楼项目工地，发生了一起施工升降机高处坠落事故，造成3人死亡，直接经济损失428.08万元。

事故经过： 2020年11月4日上午11点30分许，山西省晋城市某小区2号楼新建住宅楼项目工地，2号楼西侧吊笼施工升降机司机张某梅将施工升降机停靠在地面后下班休息，升降机处于待机状态。中午12点39分，作业人员3人进入施工现场，12点41分许，3人进入施工升降机西侧吊笼，自行操作施工升降机前往楼顶进行防水作业。12点44分许，施工升降机运行至24层以上，越过最高一道附着约1m时，第7、8节（从上往下数）标准节连接螺栓失效，西侧吊笼连同上端7节标准节一起向西倾覆，从距地面约70m高处坠落至地面炉渣堆上，造成3人死亡，直接经济损失428.08万元。

事故原因： 第7、8节标准节间东侧两条螺栓的螺母缺失，螺栓连接失效，施工升降机西侧吊笼从地面上升越过最高一道附着约1m时，第8节以上自由端部分无法克服来自西侧吊笼的倾覆力矩，发生断裂性倾覆，是造成事故的直接原因（图1~图3）。

图1　第7节标准节东侧下端面连接螺栓孔外侧变形

图2　第8节标准节上端面西侧连接螺栓孔外侧母材撕裂

图3　第7、8节标准节东侧连接螺栓，无螺母

（五）建筑起重机械的安全装置不齐全、失效或者被违规拆除、破坏。

【解读】

本条款主要依据：

1.《建筑起重机械安全监督管理规定》第七条第五款：（五）没有齐全有效的安全保护装置的。

《建筑起重机械安全监督管理规定》第十六条规定：

第十六条　建筑起重机械安装完毕后，使用单位应当组织出租、安装、监理等有关单位进行验收，或者委托具有相应资质的检验检测机构进行验收。建筑起重机械经验收合格后方可投入使用，未经验收或者验收不合格的不得使用。

实行施工总承包的，由施工总承包单位组织验收。

建筑起重机械在验收前应当经有相应资质的检验检测机构监督检验合格。

检验检测机构和检验检测人员对检验检测结果、鉴定结论依法承担法律责任。

2.《建筑施工塔式起重机安装、使用、拆卸安全技术规程》JGJ 196—2010第4.0.3条：塔式起重机的力矩限制器、重量限制器、变幅限位器、行走限位器、高度限位器等安全保护装置不得随意调整和拆除，严禁用限位装置代替操纵机构。

3.《建筑施工升降机安装、使用、拆卸安全技术规程》JGJ 215—2010第4.1.6条：

有下列情况之一的施工升降机不得安装使用：

5　无齐全有效的安全保护装置的。

【事故案例】

案例1：2019年安徽省铜陵市"2·26"塔式起重机倒塌较大事故

事故简介： 2019年2月26日14时10分许，安徽某建筑有限公司承建的铜陵市某小区 9～12 号住宅楼、商业及地下车库项目，一台 QTZ80 塔式起重机从钢筋堆放区吊运钢筋到地库地面的过程中整体倒塌。事故造成 3 人死亡，1 人受伤。

事故经过： 2019 年 2 月 26 日下午，安徽某建筑有限公司承建的该小区项目部在 11 号楼地下车库开展施工。13 时 40 分左右，项目部钢筋班管某胜安排钢筋班成员管某斌在钢筋堆料场吊运几捆钢筋到地下室底板堆放区以便备用。管某胜随即来到位于 11 号楼地下车库施工处顶上方的钢材堆料场，管某斌在钢筋堆料场将钢筋用索具捆扎完毕后，用对讲机通知塔式起重机司机俞某道将捆扎好的钢筋起吊至指定地点，随后，管某斌离开钢筋起吊现场。

14 时 08 分左右，当塔式起重机起吊 2.16t 钢筋（120 根马鞍山钢铁股份有限公司生产的规格为 ϕ18/9000 热轧带肋钢筋）由西向东逆时针回转时（此时起吊重量已超过允许起吊重量 44%。小车变幅在 44m 位置时，允许起吊起重量为 1.5t），QTZ80 基础井字梁承重板焊接处发生拉裂，塔式起重机整体向东偏北倒塌，致使塔式起重机司机和现场施工的 1 名木工、1 名钢筋工 3 人死亡，1 人受伤（图 1）。

图 1　塔式起重机倒塌事故现场

事故原因： 该项目塔式起重机司机在作业中存在严重违章违规操作。塔式起重机司机未按起重作业的安全规程要求，对塔式起重机开展必备项目及内容的日常检查，致使起重机力矩限制器等安全设施失效的重大安全隐患未及时得以发现。塔式起重机带病运行，在未明确起吊重量及相应位置是否超起重力矩的情况下盲目起吊，导致塔式起重机起重力矩严重超标准范围，继而引起主要结构件的破坏，最终发生倒塌事故。

案例 2：2019 年河南省郑州市"8·28"塔式起重机倒塌较大事故

事故简介： 2019 年 8 月 28 日 9 时 25 分，郑州市某城中村改造项目 B 地块南院 4 号楼施工工地，在塔式起重机顶升作业过程中发生一起起倒塌伤害事故，造成 3 人死亡、1

人受伤，直接经济损失 451 万元。

事故经过：该项目部根据项目施工需要，计划于 2019 年月 28 日对 B 地块南院 4 号塔式起重机进行顶升（4 号塔式起重机初始安装 8 节标准节，本次计划顶升 6 节标准节）。8 月 26 日，项目安全总监徐某东电话通知机械设备租赁中心负责该项目的片区经理刘某江，要求对 4 号塔式起重机进行顶升。接到电话通知后，刘某江电话通知某公司负责日常安装、顶升工作的安拆工刘某蒙，刘某蒙答复 8 月 28 日无法到该项目进行顶升作业。8 月 27 日上午，刘某江又与该公司总经理马某龙通电话，请他安排人员在 8 月 28 日到该项目进行塔式起重机顶升作业，当天下午刘某江查看确认了该项目 B 地块南院 4 号塔式起重机现场情况。8 月 27 日 19 时 59 分，马某龙与机械设备租赁中心运营部经理刘某通电话，告知该项目南院 4 号塔式起重机顶升安装人员已安排好，并在电话中商谈了有关费用标准。

8 月 27 日该项目部向某劳务公司下发清场通知书，要求其下属劳务作业人员在塔式起重机顶升作业期间，停止 4 号塔式起重机 B4、B5 区南北 A—H 至 A—U、东 A—1 至 A—8 轴线范围内的一切活动。8 月 27 日下午 B 地块生产经理杨某强安排施工员韩某辉（4 号楼楼栋长）配合机械设备租赁中心人员共同做好对顶升作业人员的安全技术交底与进场安全教育工作。

8 月 28 日 7 时 15 分左右，该公司 3 名安拆工刘某蒙、蒋某新、蒋某楠到达施工现场，机械设备租赁中心片区经理刘某江、该项目部安全员王某涛核查特种作业人员操作证、身份证后，对 3 名安拆人员进行了安全教育。同时，刘某江与韩某辉对 3 名安拆工进行了安全技术交底，双方签字确认并留存资料。随后，韩某辉和王某涛对现场作业环境进行检查并对 4 号塔式起重机顶升作业覆盖范围内的无关人员进行了清场，确认无误后，7 时 40 分左右，刘某蒙、蒋某新、蒋某楠爬上塔式起重机开始进行顶升作业。顶升作业开始时，塔式起重机起重臂前端朝向北方，因安拆人员不足，3 名顶升作业人员都在塔式起重机上部操作平台，4 号塔式起重机司机霍某波（机械设备租赁中心人员）在地面协助挂钩标准节。顶升作业期间，王某诗在现场进行安全监督并检查周边环境情况，9 时 10 分左右，4 号塔式起重机顶升完成 4 节，塔身升至 12 节，准备顶升第 13 节时，塔式起重机起重臂沿顺时针方向由北向东发生旋转，随后整机失稳倒塌，3 名作业人员从塔式起重机上坠落。蒋某新坠落至 4 号楼西北角基坑内当场死亡，刘某蒙坠落至 4 号楼西南角基坑壁半坡当场死亡，蒋某捕正好甩落至升套架上平台上的狭小空间内，随同塔式起重机坠落至车库顶板，受伤送医救治。塔式起重机倒塌时，某劳务公司木工彭某新在 4 号塔式起重机东侧偏北约 15m 处查看混凝土模板支撑情况，刚从负一层车库顶板风井预留洞口处爬至地下室顶板，听到塔式起重机倒塌前的响声，在躲避过程中被倒塌塔式起重机起重臂第 2 道拉杆砸中，致使其当场死亡。事故共造成 3 人死亡，1 人重伤（图 1、图 2）。

事故原因：塔式起重机安装有限公司塔式起重机顶升作业人员严重违章作业，违反《建筑施工塔式起重机安装、使用、拆卸安全技术规程》JGJ 196—2010、《QTZ63（TC5013B—6）塔式起重机使用说明书》。顶升前未将塔式起重机配平，顶升过程中未保证起重臂与平衡臂的平衡，且顶升过程中未使用回转制动器（安全装置未起作用）将塔式起重机上部机构处于制动状态，作业人员的违规操作行为，致使顶升作业时塔式起重机上部重心偏离顶升油缸梁的位置，起重臂发生转动，整机失稳倾覆，导致事故发生。

图1 塔式起重机倒塌事故现场

图2 塔式起重机整机失稳倾覆（仰视）

案例3：2018年广东省汕头市"4·9"施工升降机坠落较大事故

事故简介： 2018年4月9日19时许，汕头市濠江区某项目B地块一期建筑工地发生一起建筑起重伤害较大事故，造成4人死亡，直接经济损失680多万元。

事故经过： 经现场勘查、调查询问、分析论证，基本复原事故经过。4月3日上午，某公司控股股东张某应李某藩要求，联系了两名作业人员，拆卸升降机导轨架最顶一道附墙架和导轨架最顶两个标准节。4月9日晚上，该工程建筑工地水电组负责人叶某良组织作业人员加夜班，进行消防、水电设备的安装调试。19时许，郑某鑫等4名作业人员启动升降机东侧吊笼，乘坐升降机前往工作楼层。升降机上行至工作楼层时，吊笼没有停止运行，一直上行至导轨架顶部，上限位开关和上极限开关均不起作用，吊笼继续上行，传动小车冲出导轨向外侧翻，传动电机驱动齿轮脱离齿条，失去驱动动力，吊笼在重力作用下沿着导轨架下滑，在加速下滑过程中，防坠安全器未能有效制停吊笼，吊笼直接撞向底坑，产生巨大冲击力，吊笼结构变形损坏，吊笼内4名作业人员失控高坠。事发工地周边人员听到巨响后赶到事故现场，合力将吊笼内4名受伤作业人员救出，送汕头市达濠华侨医院后证实死亡（图1、图2）。

图1 施工升降机现场

图2 升降机左笼坠落至地面后的整机状况

事故原因：事发前升降机最顶端两个标准节及附墙架拆卸后未对限位开关和极限开关撞杆进行相应的调节，埋下了缺少安全保护装置、保护性能作用失效的事故隐患。事发时升降机左侧吊笼在运行到标准节末端时，上限位开关和上极限开关失效，造成吊笼上方的传动小车越出导轨倾翻。

经广东省建筑科学研究院集团股份有限公司检测，左笼的防坠安全器超过标定检测有效期至 2018 年 3 月 12 日，该司出具的《防坠安全器检测报告》[报告编号：JK-G2018（80）0002、0003]，关于左笼防坠安全器检验结论为防坠安全器齿轮不能灵活轻便地转动；右笼防坠安全器检验结论为所检测项目符合标准要求（图 3～图 6）。

图 3　升降机传动小车顶部

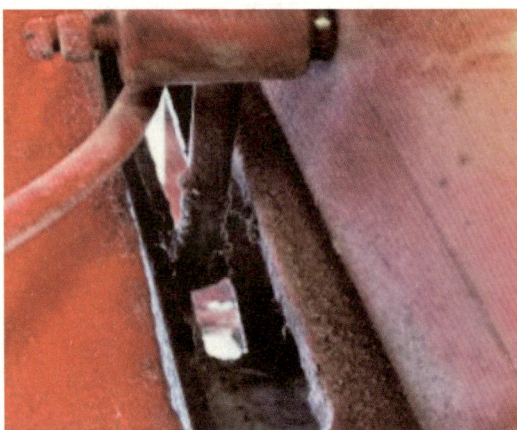

图 4　保护装置失效（一）

图 5　防护设施缺失

图 6　保护装置缺失（二）

（六）施工升降机防坠安全器超过定期检验有效期，标准节连接螺栓缺失或失效。

【解读】

本条款主要依据《建筑施工升降机安装、使用、拆卸安全技术规程》JGJ 215—2010 第 5.2.2 条：严禁施工升降机使用超过有效标定期的防坠安全器。

【事故案例】

案例1：2012年湖北省武汉市"9·13"施工升降机坠落事故

事故简介： 2012年9月13日13时10分许，武汉市某景区还建楼C7-1号楼建筑工地，发生一起施工升降机坠落造成19人死亡的重大建筑施工事故，直接经济损失约1800万元。

事故经过： 2012年9月13日11时30分许，升降机司机李某连将C7-1号楼施工升降机左侧吊笼停在下终端站，按往常一样锁上电锁拔出钥匙，关上护栏门后下班。当日13时10分许，李某连仍在宿舍正常午休期间，提前到该楼顶楼施工的19名工人擅自将停在下终端站的C7-1号楼施工升降机左侧吊笼打开，携施工物件进入左侧吊笼，操作施工升降机上升。该吊笼运行至33层顶楼平台附近时突然倾翻，连同导轨架及顶部4节标准节一期坠落地面，造成吊笼19人当场死亡。

事故原因： 事故发生时，事故施工升降机导轨架第66和67节标准节连接处的4个连接螺栓只有左侧两个螺栓有效连接，而右侧（受力边）两个螺栓连接失效无法受力。在此工况下，事故升降机左侧吊笼超过备案额定承载人数（12人），承载19人和约245kg物件，上升到第66节标准节上部（33楼顶部）接近平台位置时，产生的倾翻力矩大于对重体、导轨架等固有的平衡力矩，造成事故施工升降机左侧吊笼顷刻倾翻，并连同67～70节标准节坠落地面（图1）。

图1　施工升降机连同导轨架和4节标准节坠落地面现场

案例2：2018安徽省阜阳市太和县"1·21"施工升降机拆卸较大事故

事故简介： 2018年1月21日15时32分左右，位于太和县大新镇的某工程建设项目工地，在拆除施工升降机的过程中，发生一起高处坠落事故，造成3人死亡，直接经济损失 344 万元。

事故经过： 2018 年 1 月 5 日，由于 12 号楼施工工程结束，该项目部向施工升降机出租单位法定代表人毛某下达《停工报告》，告知其 12 号楼施工升降机停止作业，毛某收到《停工报告》并签字。

2018 年 1 月 21 日 14 时左右，3 名施工升降机拆卸作业人员金某辉、石某、史某力驾驶车辆，到达该项目工地。该项目部门卫张某得在简单询问后，未得知 3 人真实意图、未要求登记即任其开车进入工地。张某得也未向该项目部有关负责人进行报告。于是在该项目部、监理部不知情的情况下，在没有专业技术人员进行技术交底和采取安全管理人员现场管理、监理人员旁站式监理等必要的措施下，该 3 名作业人员冒险、违规拆除 12 号楼施工升降机。当天 15 时 32 分左右，3 人违反操作规程，在连接施工升降机的第 4 节标准节和第 5 节标准节（从上往下数）螺栓的两颗螺母已被拆卸的情况下，将吊笼向上起升（3 人位于吊笼内，此时距地面有 18 层楼高），造成吊笼发生失稳、倾斜。3 人随同吊笼及顶部标准节一同坠落（图 1）。

图 1　吊笼失稳倾斜倒塌事故现场

事故原因： 3 名操作人员（无特种作业资格证书）违反操作规程，在连接施工升降机的第 4 节标准节和第 5 节标准节（从上往下数）螺栓的两颗螺母已被拆卸的情况下，将吊笼向上起升，造成吊笼发生失稳、倾斜，进而导致事故发生。

案例 3：2019 年河北省衡水市"4·25"升降梯折断事故

事故简介： 2019 年 4 月 25 日，河北省衡水市一建筑工地发生一起施工升降机轿厢（吊笼）坠落的重大事故，造成 11 人死亡、2 人受伤，直接经济损失约 1800 万元。

事故经过： 根据监控录像显示（已校准为北京时间），2019 年 4 月 25 日 6 时 36 分，某建筑公司施工人员陆续到达项目工地，做上班前的准备工作。步某民等 11 人陆续进入施工升降机东侧轿厢（吊笼），准备到 1 号楼 16 层搭设脚手架。6 时 59 分，施工升降机操作人员解某玉启动轿厢，升至 2 层时添载 1 名施工人员后继续上升。7 时 06 分，轿厢（吊笼）上升到 9 层卸料平台（高度 24m）时，施工升降机导轨架第 16、17 节标准节连接处断裂、第 3 道附墙架断裂，轿厢（吊笼）连同顶部第 17～22 节标准节坠落在施工升降机地面围栏东北侧地下室顶板（地面）码放的砌块上，造成 11 人死亡、2 人受伤（图 1、图 2）。

图 1　升降机及导轨架坠落地面　　图 2　事故发生后救援现场

经查，事故发生时，施工升降机坠落的东侧轿厢（吊笼）操作人员为解某玉。解某玉未取得建筑施工特种作业资格证（施工升降机司机），为无证上岗作业。

事故原因： 事故施工升降机在安装过程中，第 16、17 节标准节连接位置西侧的 2 个螺栓未安装，第 17 节以上的标准节不具有抵抗侧向倾翻的能力，形成重大事故隐患。事故施工升降机安装完毕后，未按规定进行自检、调试、试运转，未组织验收就违规投入使用，最终导致事故发生。

（七）建筑起重机械的地基基础承载力和变形不满足设计要求。

【解读】

基础的承载能力不足直接可以导致起重机发生整机倾翻的事故，特别是汽车起重机和履带式起重机在使用过程中的倾翻事故很多是由于地基基础承载能力不足或变形过大导致，虽然事故的伤亡人数未达到较大及以上事故（整机倾翻的过程都要经过倾翻的临界点，因此持续的时间较其他类型的事故更长，相关人员较容易躲避），但由于数量多，其实际导致的经济损失和人员伤亡数量也很大。各种起重机械均在使用说明书中对基础的承载能力给出了明确的约束条件，汽车起重机、履带式起重机还特别安装了相应的监控装置。

承载力应满足地基基础在各种工况下的稳定性要求，包括起重机械自重、吊重、风荷载等因素。变形应满足起重机械的使用性能要求，包括垂直方向的沉降、水平方向的位移、角度变化等方面。在实际工程中，需要根据设计规范和标准，对地基基础的承载力和变形进行合理计算和控制。

本条款主要依据：《起重机械安全规程 第 1 部分：总则》GB 6067.1—2010 中 15.1 "总则"和 15.2 "起重机械竖立或支撑条件"中的第 1 项要求均是对起重机械支撑位置安全状态的主要考查因素。

【事故案例】

案例 1：2013 年云南省玉溪市澄江县 "3·30" 塔式起重机倾覆较大事故

事故简介： 2013 年 3 月 30 日中午 1 时 05 分，玉溪市澄江县一建设工地在安装塔式起重机过程中，塔式起重机发生倾倒，造成两人当场死亡，一人在转院过程中经抢救无效死亡。

事故经过： 该建设工地二期 2 号塔式起重机，于 2013 年 3 月 28 日开始安装，至 3 月 30 日上午开始顶升。13 时左右，该塔式起重机顶升至 23m 高度。第 5 节标准节进入引进架时，拆装队长叫塔式起重机司机离开司机室到顶升上平台协助其他同伴工作。就在该标准节就位待固定过程中，起重臂已被西风吹向东北方向与塔式起重机正常升降塔安装方向约成 40°角（据澄江县气象局资料证明，事发当时风速为 6.9～7.3m/s，风向西，风速小于说明书允许的最大顶升风速 60km/h 即 16.67m/s），证明塔式起重机回转机构制动失效处于风标状态，起重臂被风吹离正常升降塔位置，致塔式起重机顶升后的上部结构平衡被破坏，造成塔式起重机上部结构荷载由顶升油缸侧塔身标准节左侧单肢主弦杆承担（正常顶升时，塔式起重机上部结构荷载由塔身液压油缸侧标准节左右两肢主弦杆承担），使顶升油缸侧塔身左主弦杆被压屈曲破坏，塔式起重机操作平台上 4 名安拆人员意识到情况危急后相继迅速撤离到地面。与此同时塔式起重机上部结构向西北方向扭转坠落。起重臂砸到地面，砸到施工现场 3 名作业人员。现场有关人员和施工单位立即组织人员进行自救互救，并拨打急救电话 120 和 110，急救中心和公安第一时间赶到现场进行抢救。经 120 急救中心确认，2 名作业人员当场死亡，另 1 名重伤人员在转院抢救途中死亡（图 1）。

图 1 塔式起重机倾覆砸向拉土车

事故原因： 塔式起重机安装人员过少，职责不清，司机离开正常工作岗位；不排除风力作用，塔基基础不平整，回转制动失效，导致起重臂转动，已安装的第4节标准节扭转失稳；已安装的第4节标准节变形未检查、未校正就安装就位，致使第5节标准节不能正常就位安装；塔式起重机安装作业时危险区域内未封闭警戒，致地面人员伤亡。

案例2：2017年广东省普宁市"7·11"汽车起重机倾覆事故

事故简介： 2017年7月11日18时许，广东省普宁市普宁大道某路段一辆正在路边施工的大型汽车起重机侧翻，吊臂砸中路过的一辆小型客车，造成7人死亡，3人受伤。

事故经过： 2017年7月11日约17时许至事故发生，陶某琪、周某德、李某龙在涉事围蔽地内用汽车起重机进行两次起重作业。陶某琪安排汽车起重机位置并任起重机司机，周某德、李某龙为吊装工并在作业中任指挥人员。

第一次起重作业：汽车起重机车头向北停放，车尾（起重机）向南正对起吊物品，呈"T"形。起吊物品为静压打桩机一个底座（约长14m×宽2m×高1.3m），底座载于平板车上，平板车车头向西，停于非机动车道，平行靠与主干道分隔绿化带围蔽铁皮边。汽车起重机车尾支腿在围蔽内非机动车道柏油上，起重机吊臂工作面朝向普宁大道。陶某琪首先检查汽车起重机停放操作位地面支撑是否牢固，然后打开支腿，垫木头，上起重机操作台。跟车人员周某德、李某龙上平板车为起吊物品捆钢丝绳、吊挂，挂完下车分站平板车前后，用手势指挥司机操作及周围警戒，示意起重机司机起吊，起吊物品吊离平板车时，示意起重机停止、货车司机向前开走，再示意起重机司机原位下放地面，周某德、李某龙解绳，第一次操作完成。

第二次起重作业：起吊物品为静压打桩机另一个底座，载底座平板车车头向西，停于非机动车道，平行靠第一次作业底座边。陶某琪收吊车支腿，把吊车按原方向往北移动5～6m，第二次起重作业点汽车起重机车尾支腿在泥地上，支撑较差，陶某琪在车尾支腿下分别垫上约长2.5m、宽2m、厚2cm的钢板，再在钢板上垫木头，感觉牢固后上起重机作业。周某德、李某龙捆绳、吊挂，指挥起吊、货车开走。接下来，陶某琪操作抬臂下钩，这时起重机没有反应，最后在重力作用下，吊车倾翻，起重机吊臂砸中普宁大道正常行驶中的一辆五菱牌面包车，导致事故发生（图1）。

图1　汽车起重机倾覆砸向路边小车事故现场

事故原因：起重作业点汽车起重机车尾支腿在泥地上，支撑较差，汽车起重机地面承载力出现问题。

案例3：2018年贵州省毕节市"7·2"塔式起重机倒塌较大事故

事故简介：2018年7月2日7时34分许，毕节市某项目发生一起塔式起重机倒塌事故，造成3人死亡、2人受伤，直接经济损失477.65万元。

事故经过：2018年7月2日上午7时30分许，钢筋加工班工人刘某军通过对讲机联系1号塔式起重机司机钟某念从材料堆放处吊一捆规格为ϕ16mm、长度9m、重2844kg钢筋到1号钢筋加工棚处。7时34分许，当钟某念将钢筋吊至距塔式起重机中心48m处，即1号钢筋加工棚前方往下放的过程中，钢筋与1号钢筋加工棚处的弯曲机发生了碰撞。钢筋加工班陈某平立即用对讲机告知塔式起重机司机钟某念，让其将钢筋吊离弯曲机远一点的地方。就在钟某念将所吊钢筋吊离下放即将接触地面时，塔式起重机突然向工地旁边的建设路方向倒塌（图1、图2）。

图1　塔式起重机倒塌事故现场

图2　塔式起重机整机失去与基础的连接

倒塌过程中，塔式起重机起重臂将紧邻工地围墙外一侧人行道上的高压输电线路砸断后，随即将工地对面的奶茶店、擦鞋店门头广告牌砸坏，最后倒塌横贯在建设路上，塔式起重机起重臂前端伸入到奶茶店内，塔式起重机操作室倒塌在基坑边坡的施工用楼梯上。造成经过奶茶店门前的行人张某、郑某容、卯某死亡，奶茶店店主黄某及塔式起重机司机钟某念受伤，工地旁边停放的一辆雪佛兰牌轿车严重受损。

事故原因：经现场勘察，事故塔式起重机安装在低于工地路面约10m的施工面，整个塔式起重机发生事故后向被吊重物方向倒塌，被吊重物整捆钢筋（规格ϕ16mm、长度9m、重2844kg）仍完好规整地摆放在料场地面，起重臂和平行臂均倒向被吊重物方向，整个塔式起重机从基础节基础底座处破断而倒塌，塔式起重机基础节共有四个连接处，远离吊物的两个连接处发生断裂已与基础断开，靠近吊物的两个连接处被折弯但仍与基础相连；该塔式起重机基础底板与基础底座分离的两处均有长约120mm的陈旧焊缝裂纹，另有一处长约400mm新破端口；四个基础脚都是三颗螺栓连接且发现螺栓松动；塔式起重机基础长期积水。

综上，该起事故原因为：事故塔式起重机未按照有关规定安装、检测、维护、保养、使用，施工单位在塔式起重机基础连接处存在焊缝锈蚀和裂纹、安全保护装置力矩限制器失效、未配备特种作业人员的情况下，违规违章使用塔式起重机超载吊运，导致整个塔式起重机失去与基础的连接向被吊重物一侧倾斜发生倒塌，这也是导致事故发生的直接原因。

【总结】 **起重机械及吊装重大事故隐患判定及预防措施建议**

一、起重机械与吊装重大事故隐患判定考量因素

2017—2022 年，全国房屋市政工程共发生起重机械伤害较大及以上事故 35 起、死亡127 人；其中重大事故 1 起、死亡 11 人，该事故为河北省衡水市"4·25"施工升降机轿厢坠落重大事故。具体事故明细见附录 5。

1. 从 2017—2022 年发生过起重机械较大及以上事故的地区来看，广东、山东、河北、河南、广西、湖北等 18 个地区发生过起重机械伤害较大及以上事故，上述地区工程规模和数量较大，使用的起重机械数量多，所以风险高，发生的事故也比较多。而北京、江苏等地的起重机械事故较少，主要是因为这些地区对起重机械管控措施比较到位，如北京采取严格的起重机械检测机构准入制、实施建筑起重机械租赁企业备案和信用评价制度、加强特种作业人员培训质量等措施；江苏大力推行建筑起重机械安全监管信息化、大力实施建筑起重机械"一体化"管理等举措。

2. 从 2017—2022 年发生的起重机械较大及以上事故企业的资质来看，专业一级企业发生事故 11 起、死亡 26 人，分别占 66 起事故的 16.67% 和 19.40%；专业二级企业发生事故 9 起、死亡 21 人，分别占 66 起事故的 13.64% 和 15.67%；专业三级企业发生事故 20 起、死亡 39 人，分别占 66 起事故的 30.30% 和 29.10%；无资质企业发生事故 26 起、死亡 18 人，分别占 66 起事故的 39.39% 和 13.43%。可以看出，起重机械安拆单位发生事故的比率与其资质等级成反比。尤其是专业三级企业和无资质企业，其发生事故的比例占到事故总量的69.69%。

3. 从 2017—2022 年发生的起重机械较大及以上事故项目类型来看，住宅项目发生起重机械伤害事故最多，其次是公共建筑项目和市政基础设施工程发生事故。

4. 从 2017—2022 年发生的起重机械较大及以上事故时间来看，单月发生起重机械伤害较大及以上事故起数最多的为 2 月，1 月、3 月、7 月、11 月事故起数相对较少。值得重视的是，第一季度起重机械群死群伤事故多发频发，主要原因是春节后开复工前，施工企业对起重机械的安全检查和隐患排查不到位就开始使用，现场安全管理较为松懈。另外这段时间起重机械的安拆作业也较多，所以起重机械事故在第一季度多发。

5. 从 2017—2022 年发生的起重机械伤害较大及以上事故设备类型来看，数量最多的设备类型为塔式起重机，其次是升降机（施工升降机和物料提升机）、流动式起重设备和其他类型起重机械。从全部事故情况看，塔式起重机事故占比最高，达 64.93%，是整体事故的防范重点。从单起事故造成的人员伤亡情况上看，升降机事故造成后果较为严重，如河北

省衡水市"4·25"施工升降机坠落事故造成11人死亡，是防范遏制重特大事故的重点。

6. 从2017—2022年发生的起重机械伤害较大及以上事故作业环节来看，发生最多的环节为顶升阶段，其次是使用阶段、拆除阶段、安装阶段、降节阶段和停机阶段。较大及以上事故中的顶升环节占比较高，是由于对作业班组配合和人员操作技能要求高，稍有不慎很容易发生群死群伤事故，是防范遏制较大及以上事故的重点环节。

二、起重机械事故预防措施建议

1. 督促施工企业加强对塔式起重机、施工升降机等顶升、降节的重点管理，必须严格按照专项施工方案进行作业，特种作业人员必须持证上岗。

2. 督促施工总承包单位在春节前后合理安排设备管理人员在场值班，确保对分包单位安装拆卸作业实施有效管理。每年上半年重点加强起重机械安装、拆卸环节安全管控，下半年重点加强起重机械顶升、降节作业的安全管控。

3. 总结推广北京、江苏等地区好的经验，研究推行建筑起重机械"一体化"经营模式。培育高水平建机一体化企业和专业化工人队伍，鼓励施工总承包单位委托"一体化"企业对建筑起重机械进行管理。

4. 加快推进智慧工地建设，依靠物联网、大数据和信息化、智能化技术，提高施工现场起重机械设备安全生产监测预警水平。

5. 依托多部委共建的安全生产监管信息化平台，共享建筑起重机械制造环节数据和设备出厂信息，推动解决产品溯源问题。加强与生产制造厂家的信息共享。

七、高处作业重大事故隐患判定标准

第九条 高处作业有下列情形之一的，应判定为重大事故隐患：

（一）钢结构、网架安装用支撑结构地基基础承载力和变形不满足设计要求，钢结构、网架安装用支撑结构未按设计要求设置防倾覆装置。

【解读】

本条款主要依据：

《钢结构工程施工规范》GB 50755—2012 第4.2.5条：施工阶段的临时支承结构和措施应按施工状况的荷载作用，对构件进行强度、稳定性和刚度验算，对连接节点进行强度和稳定验算。当临时支承结构作为设备承载结构时，应进行专项设计；若临时支承结构或措施对结构产生较大影响时，应提交原设计单位确认。

【事故案例】

案例1：2014年河南省新乡市"5·1"厂房钢结构坍塌较大事故

事故简介： 2014年5月1日18时4分许，新乡市某在建钢结构厂房发生一起坍塌较大事故，造成3人死亡、1人重伤，直接经济损失452.5万元。

事故经过： 2014年5月1日上午，田某超带着韩某新、田某宇、李某堂、位某培、武某谦、陈某飞、栗某飞、秦某阳8名工人和2名起重机司机郭某气、孙某妮在钢结构厂房施工现场实施吊装作业。钢结构厂房自北向南分S、N、K三条东西走向的立柱分布线，每条立柱线设10根钢构立柱。当日上午在吊装了S主线的4根立柱后收工，13时30分继续施工，在吊装了3根屋架梁后开始吊装第4根屋架梁。当时韩某新和位某培在S主线从东向西第3根立柱和屋架梁上配合25t起重机吊装第2根与第3根立柱之间上方的工字钢，武某谦在N主线从东向西第4根立柱和屋架梁上配合50t起重机吊装连接S主线和N主线之间的屋架梁，50t起重机将屋架梁和栗某飞、秦某阳一起吊起，田某超等3人在地面作业。18时许，施工现场刮起了西南风，田某超听到K主线最西边立柱上防风绳葫芦（防风绳紧固器具）打到立柱上，同时看到钢构框架已开始倾斜，田某超喊了声"跑"，他跑了没几步整个钢构框架在5、6s间整体坍塌，在钢构框架上方施工的位某培、武某谦、韩某新3人同时坠至地面，并被坍塌钢构砸压，其东侧的临时职工宿舍亦被部分砸垮，致使在宿舍门口的李某喜被砸压（图1）。

图 1　钢构框架坍塌

事故原因： 在建钢构框架未形成不导致结构永久变形的稳定空间体系，在阵风作用下导致柱间竖向支撑受力过大，螺纹处破坏，丧失纵向刚度，导致钢构抗拉承载力降低最终坍塌，造成钢构框架整体坍塌。

案例 2：2021 年四川省成都市"9·10"钢棚网架垮塌事故

事故简介： 2021 年 9 月 10 日 14 时 01 分，成都市轨道交通某地铁站防尘降噪施工棚工程施工过程中发生坍塌，造成 4 人死亡、14 人受伤，直接经济损失 650 余万元。

事故经过： 该地铁站防尘降噪施工棚工程由门式刚架和网架两部分组成，整体结构呈喇叭口状，跨度由 36m 逐渐增加至 52.3m，门式刚架部分已完成施工，网架部分于 2021 年 8 月 30 日开始地面拼装，9 月 3 日开始网架段立柱安装，9 月 6 日开始上部网架安装，9 月 7 日地面拼装的 13～16 轴网架段整体完成吊装。9 月 7 日下午开始进行高空散装拼接，至 9 月 10 日上午完成了 16～18 轴两榀半左右的散装拼接施工工作。

9 月 10 日 13 时 30 分许，网架安装班、墙壁板安装班、吊装配合人员及带班人员开始上班，网架安装班 10 名工人分成两组，其中，空中拼装组 4 人由高空作业车送至网架顶部作业点系好安全带，并由汽车起重机辅助进行拼装作业。在南侧负责墙壁板安装的 4 名工人乘坐高空作业车到达钢立柱作业点，其余 12 名工人在地面做配合工作，北侧负责墙壁板安装的 10 名工人在地面等候高空作业车。14 时 01 分，正在拼装的顶部网架支座突然发生脱落，网架瞬间从北侧向南侧整体坍塌，正在网架顶部作业的 4 人随网架坠落受伤，南侧墙壁板 1 名安装工人坠落受伤，地面网架作业区域内 12 人被坍塌的网架砸伤，坍塌飞出物将场外 1 名行人的手臂击伤（图 1、图 2）。

图1　事故现场图

图2　网架坍塌

事故原因：网架中部分杆件设计承载力不足，部分与支座相连的竖腹杆承载力标准值不足，网架安装过程中部分支座位置竖腹杆所受压力超过其承载力标准值，施工过程中网架上弦支座未与支承柱有效连接，使网架结构处于不稳定工作状态，由于临时设施未按设计要求设计防倾覆装置，网架顶部堆载和多工序交叉施工作业产生的外力扰动加速不稳定结构体系失稳坍塌。

（二）单榀钢桁架（屋架）安装时未采取防失稳措施。

【解读】

本条款主要依据：

《钢结构工程施工规范》GB 50755—2012 第11.4.4条：

11.4.4　桁架（屋架）安装应在钢柱校正合格后进行，并符合下列规定：

1　钢桁架（屋架）可采用整榀或分段安装；

2　钢桁架（屋架）应在起扳和吊装过程中防止产生变形；

3　在单榀安装钢桁架（屋架）时应采用缆绳或刚性支撑增加侧向临时约束。

【事故案例】

案例1：2016年贵州省黔西南布依族苗族自治州"8·13"网架坍塌事故

事故简介：2016年8月13日，贵州省黔西南布依族苗族自治州某文体馆工程发生网架坍塌事故，造成4名施工人员死亡。

事故经过：2016年8月13日，江某一、许某桃、何某、何某伦、何某富、江某二、何某兴等人在该文体馆施工现场进行顶部钢网架的吊装（在2016年8月9日，何某兴就已经把在地面整体拼装长为50m、宽为9.95m的单元网格用两台50t的汽车起重机装到22.10m标高的柱顶上），当日17时15分左右，当江某等6人在高空负责从1轴线往18轴线方向进行散拼安装，高空散拼网架到 10～12 轴线长度大约为 30m 时（风力 5.1 级），架体发生晃动，造成安装的架体重心位移倾覆失稳，致使整个架体坍塌，导致正在高空进行散拼安装作业的何某、何某伦、许某桃、江某一、何某富、江某二随坍塌的架体一同坠落到地面，何某、何某伦 2 人当场死亡，许某桃在送往医院途中死亡，江某一在医院抢救无效死亡，何某富、江某二 2 人受伤（图 1）。

图 1　事故现场图

事故原因：钢网架吊装安装未到位、支座未锚固、高空拼装未搭设支撑架、在外力作用下造成钢网架重心位移倾覆失稳，是造成事故的主要原因。除此之外，施工单位没有履行安全生产管理主体责任，不按图纸设计说明施工，安装工人无证上岗、违章作业，这些是造成事故的间接原因。

案例 2：2020 年江西省赣州市"12·30"钢结构坍塌事故

事故简介：2020 年 12 月 30 日 8 时 5 分许，安远县某项目 A2 果品车间在钢结构安装过程中发生坍塌，造成 4 人死亡、4 人受伤，直接经济损失 986 万元。

事故经过：事发时，在屋面作业人员 10 名，地面作业人员 9 名。8 时 5 分许，由于柱间支撑和屋面水平支撑均未安装，导致钢结构缺乏必要的支撑，钢结构工程瞬间自东向西整体倒塌（图 1）。

事故原因：安装时未采取防失稳措施，柱间支撑和屋面水平支撑均未安装。屋面钢梁除 1～10 轴 /J～N 轴小范围未安装，其余已安装完毕。钢柱及钢梁间系杆大部分已安装。屋面檩条安装 30% 左右。根据现场实际情况，柱间支撑和屋面水平支撑均未安装，导致钢结构缺乏必要的支撑，容易发生失稳倒塌事故。此外，屋面钢梁只有 1～10 轴 /J～N 轴小范围未安装，其余已安装完毕，这表明钢结构的施工存在明显的漏洞。虽然钢柱及钢梁间系杆大部分已安装，但屋面檩条安装只有 30% 左右，存在明显的安全隐患。

图 1　事故现场图

（三）悬挑式操作平台的搁置点、拉结点、支撑点未设置在稳定的主体结构上，且未做可靠连接。

【解读】

本条款主要依据：

《建筑施工高处作业安全技术规范》JGJ 80—2016 第 6.4.1 条：

6.4.1　悬挑式操作平台设置应符合下列规定：

1　操作平台的搁置点、拉结点、支撑点应设置在稳定的主体结构上，且应可靠连接；

2　严禁将操作平台设置在临时设施上；

3　操作平台的结构应稳定可靠，承载力应符合设计要求。

【事故案例】

案例 1：2014 北京市通州区"1·7"卸料平台侧翻事故

事故简介： 2014 年 1 月 7 日 14 时 50 分，通州区某住宅商业楼施工现场，B 区 6 层 B2 段卸料平台吊环螺栓发生断裂，造成平台侧翻，致使在平台上码放物料的 2 名工人随物料一同坠落至 1 号楼南侧基坑内，将正在基坑内进行清理作业的 3 名工人砸伤致死。事故共计造成 5 人死亡。

事故经过： 2014 年 1 月 7 日 6 时 30 分，劳务木工班组长张某安排杜某、邵某、仇某 3 人到 B 区 1 号楼南侧的基坑内清理物料。张某因下午外出不在施工现场，便委托现场技术负责人秦某检查杜某、邵某、仇某 3 人的出勤情况。13 时 30 分左右，秦某安排周某、付某 2 人到 B 区 1 号楼 6 层西侧卸料平台从楼层内倒运物料。当天下午，杜某、邵某、仇某在西侧卸料平台下方基坑内清理物料，同时，周某、付某在上方的6层西侧卸料平台实施物料码放作业。14时50分，卸料平台的吊环螺栓突然断裂，平台侧翻。周某、付某随平台上码放的物料一同坠落至下方基坑内，将在基坑内作业的杜某、邵某、仇某砸伤（图1、图2）。

图1　施工现场图　　　　　　　　　图2　施工结构图

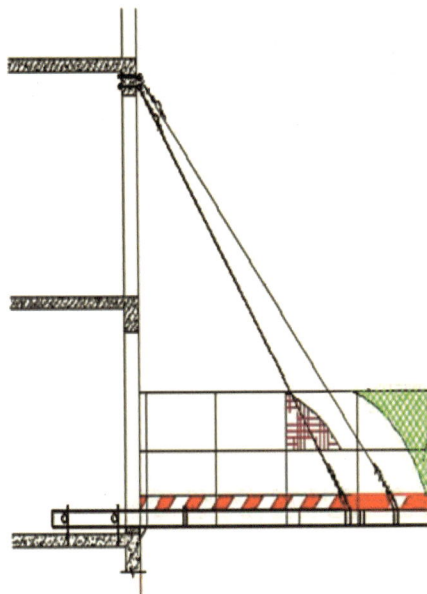

事故发生后，政府组织相关部门全力救援，5名人员经医院全力救治无效，于当日21时15分确认死亡。

事故原因： 卸料平台在安装过程中，未按照施工方案的要求，改变了平台吊环螺栓的竖向高度和水平位置，对吊环螺杆的受力产生不利影响，从而导致了事故的发生。除此之外，吊环螺栓实际承载能力较差，吊环的内侧焊趾存在较为严重的局部应力集中，而吊环焊接缺欠、弯曲成形时受损、吊环螺杆的反复使用及该部位的应力较复杂等因素均影响吊环的承载能力，导致吊环螺杆在较低的应力水平下发生脆性破坏。

经国家建筑工程质量监督检验中心鉴定，事发卸料平台断裂的3根吊环螺杆，为一次性过载脆性断裂。

案例2：2020年北京市顺义区"11·28"卸料平台侧翻事故

事故简介： 2020年11月28日13时23分许，顺义区赵全营镇某项目1号商务办公楼等12项（不含地下车库三段、四段、五段，以下简称1号商务办公楼等12项）工程施工现场，3号商务办公楼10层北侧卸料平台发生侧翻，造成3人死亡，直接经济损失482.76万元。

事故经过： 2020年11月26日14时许，某公司架子工班长王某朋在未进行方案交底和安全技术交底、无专职安全生产管理人员现场监督的情况下，组织人员将事发卸料平台由1号商务办公楼等12项工程3号商务办公楼9层提升至10层。卸料平台安装完成后，未按《专项施工方案》要求进行验收。

11月28日，事发工程施工现场的塔式起重机由于顶升作业，暂停对3号商务办公楼卸料平台堆放物料的转移吊运。12时许，该公司木工组长向某武在塔式起重机暂停使用的情况下组织人员在3号商务办公楼10层进行脚手管拆卸作业，将拆下的脚手管码放在卸料平台上。13时23分许，卸料平台发生侧翻，平台上3名作业人员和脚手管坠落至地面。

事故原因： 卸料平台严重超载是导致吊环螺杆过载脆性断裂的主要因素；卸料平台钢丝绳主绳与水平钢梁夹角过小、吊环未紧贴建筑结构边梁、悬挑长度略大等设计、安装不符合有关规定的情况导致卸料平台实际承载能力降低，是吊环螺杆断裂的次要因素；吊环材质、焊缝长度不满足设计要求，吊环存在焊趾凹坑、制作吊环时材质性能受损、吊环材料在低温下脆性增加等因素均进一步增加吊环螺杆脆性断裂的可能，在严重超载情况下吊环螺杆发生过载脆性断裂、引发卸料平台侧翻，作业人员未系挂安全带，从高处坠落，导致事故发生（图1～图4）。

图1　平台侧翻

图2　物料倾落

图3　检查事故现场

图4　事故现场

【总结】 高处坠落重大事故隐患判定及预防措施建议

一、高处坠落重大事故隐患判定考量因素

2017—2022 年，全国房屋市政工程共发生高处坠落较大事故 7 起、死亡 27 人；未发生重大及以上事故。具体事故明细见附录 6。

1. 从 2017—2022 年发生高处坠落较大及以上事故的地区来看，有 7 个省份发生过高处坠落较大事故，其他绝大多数地区没有发生高处坠落较大事故。

2. 从 2017—2022 年发生高处坠落较大及以上事故的企业性质来看，与企业的资质等级没有直接的关联。目前来看，高处坠落事故的发生多与施工作业人员的安全生产意识相关。施工作业人员多为进城务工人员，其安全生产意识淡薄、安全防护技能较低，发生个人坠落的事故比率较高。

3. 从 2017—2021 年发生较大高处坠落事故项目类型来看，最多的为公共建筑项目，发生事故 4 起、死亡 17 人，分别占总数的 57.14% 和 62.96%；其次是住宅项目，发生事故 2 起、死亡 6 人，分别占总数的 28.57% 和 22.22%；市政基础设施项目发生事故 1 起、死亡 4 人，分别占总数的 14.29% 和 14.81%。

4. 从 2017—2021 年发生较大高处坠落事故时间来看，单季度发生高处坠落较大事故起数最多的为第 3 季度，单月发生高处坠落较大事故起数最多的为 7 月。每年第 2 季度和第 3 季度是房屋市政工程项目施工的高峰阶段，施工量大，作业人员连续工作时间长，易出现疲劳与操作失误，导致高处坠落事故发生。

5. 从 2017—2021 年发生较大高处坠落事故的高度和部位来看，根据对 2017—2022 年有坠落高度记录的 122 起事故进行统计，发生事故最多的坠落高度为 5~10m，主要原因在于施工现场作业人员和管理人员对 10m 以下的高处作业不重视，存在侥幸心理，作业人员不佩戴安全防护用具违规从事高处作业的行为较多；根据对 2017—2022 年有较详细事故发生部位记录的 250 起事故进行分析，发生事故最多的作业部位为洞口临边，洞口临边仍然是防高处坠落事故的重点部位。

二、高处坠落事故预防措施建议

1. 督促施工总承包单位开展全员预防高坠事故的教育培训，尤其是进城务工人员、特种作业人员，安全培训教育要与风险辨识、施工方案、高坠事故警示等相结合，鼓励采用 VR 技术等新形式开展防高坠体验式教育培训，要组织开展事故应急演练，提升全员安全防护意识和操作技能。

2. 督促建筑施工企业加强对劳务人员预防高坠事故的安全技术交底，项目部、施工班组要通过班前对高坠事故多发、易发的部位和环节（临边作业、井道口、外脚手架和吊篮施工等）进行技术交底，内容进行重点提示，要求作业人员严格执行安全操作规程，杜绝违章作业，安全交底必须落实到人。并加强施工现场检查，对未按标准佩戴安全带、安全帽等防护用具的，要加大处罚力度。

3. 在高温、降雨、大风等天气进行高处作业时，应采取防滑、防雷、防暑措施，合

理安排作业时间。每年第2、3季度等重点时段，有针对性地加大高处作业隐患排查力度，尤其是10m以下高度范围和临边洞口，同时严控作业人员工作时间，防止人员疲劳作业导致坠落事故发生。

4. 积极推广应用定型化、工具化、标准化安全防护设施，鼓励使用临边红外线报警系统、智能安全门锁、机器换人、在线监测等新技术、新工艺，淘汰部分高处作业操作难度大、安全隐患较多的工艺和设备，全面提升预防高坠事故人防、物防和技防水平。

八、施工临时用电重大事故隐患判定标准

第十条 施工临时用电方面，特殊作业环境（隧道、人防工程，高温、有导电灰尘、比较潮湿等作业环境）照明未按规定使用安全电压的，应判定为重大事故隐患。

【解读】

本条款主要依据：

《建设工程施工现场供用电安全规范》GB 50194—2014 第 10.2.5 条：

10.2.5 下列特殊场所应使用安全特低电压系统（SELV）供电的照明装置，且电源电压符合下列规定：

1 下列特殊场所的安全特低电压系统照明电源电压不应大于24V：

1）金属结构构架场所；

2）隧道人防等地下空间；

3）有导电粉尘、腐蚀介质、蒸汽及高温炎热的场所。

【事故案例】

案例1：2011年内蒙古自治区鄂托克前旗"5·21"触电伤亡事故

事故简介： 2011年5月21日鄂托克前旗某建筑工程有限责任公司上海庙项目雇用了一辆塔式起重机卸钢筋，碰到外电线路，发生触电事故。

事故经过： 2011年5月21日鄂托克前旗某建筑工程有限责任公司上海庙项目部购买了一批钢筋运至施工现场旁边，项目部雇用了一辆塔式起重机卸钢筋。17时20分，塔式起重机卸完了车上的两卷线材、四卷螺纹钢，项目部钢筋工负责人贾某昀要求塔式起重机司机将原来堆放在钢筋棚旁的一卷线材往钢筋棚处移动一下。塔式起重机起重臂高过高压线，塔式起重机司机谢某按照贾某昀的指示将线材吊了起来，线材刚离开地面，吊起的线材开始摆动，在摆动中吊车的钢丝绳与高压线接触了一起，扶线材的李某传被电流击倒在地上，贾某昀也感觉到手麻。贾某昀听到有人喊"高压线打着火呢！"，就喊"赶紧起吊"，在吊起来的过程中吊车钢丝绳与高压线分离，项目部钢筋工刘某峰看到李某传倒在地上就跑过来做人工呼吸和胸外挤压。贾某昀立刻拨打了120急救电话。大约20min后，120急救车赶到现场，李某传经医院抢救无效（图1）。

事故原因： 塔式起重机操作员违章作业。在未经电力部门批准和未采取任何安全保护措施的情况下，操作超重机械进入 11kV 架空高压线的保护区进行违章作业，致使超重机械设备与高压线接触，超吊物带电造成事故。

图 1　塔式起重机触碰高压线

案例 2：2020 年陕西省西安市泾河新城"8·1"较大触电事故

事故简介：2020 年 8 月 1 日上午 8 时 26 分许，泾河新城某钢结构库房项目施工现场，3 名作业人员在移动脚手架过程中，脚手架顶部不慎触碰上方架空高压电线，引发触电事故，致使 3 人当场死亡。

事故经过：2020 年 8 月 1 日上午 7 时 30 分许，按照施工进度，某钢结构公司负责人郎某乾组织 10 名劳务人员进场，进行该钢结构库房墙体钢檩条（钢结构工程墙体承重构件）焊接和卷帘门制作及安装施工。其中，劳务工人邓某、吴某让、张某负责 E 区北侧钢结构库房钢檩条焊接作业。上午 8 时 26 分许，由于作业位置发生改变，上述 3 人在由东向西推动可移动式脚手架过程中，金属脚手架顶部不慎触碰上方 10kV 带电高压线，致使人员触电倒地。8 时 33 分，该工程总监王某拨打 110kV 高庄变电所电话请求紧急断电，并指派现场人员拨打 110、120 报警救援电话。

人员触电后，地电西咸供电公司监测系统于当日上午 8 时 26 分 25 秒至 8 时 27 分 7 秒先后发出 11 条高压接地事故报警信息。8 时 35 分，地电西咸供电公司值班调度接到 110kV 高庄变电所有关 164 聂冯 II 路腰庄支线人员触电伤亡事故电话报告，立即下达紧急切断 164 聂冯 II 路腰庄支线电路的指令。8 时 38 分，腰庄支线高压电路切断（按照电力系统调度规程，6～10kV 系统发生单相接地时，允许带电接地运行 2h 查找故障）。断电后，经到场 120 急救人员确认，3 人已经死亡（图 1）。

事故原因：通过现场勘查和调查核实，该项目建设、施工单位违规在高压线保护区范围内组织施工，3 名作业人员在未接受任何安全教育培训、无现场风险辨识能力情况下冒险、违章进入 10kV 高压线危险区域内进行特种作业，且现场无安全管理人员，3 人在推动脚手架过程中，脚手架顶部不慎触碰高压线单相线，形成强大的瞬间接地电流，致使3人被电击死亡。

图1　施工现场高压电线下违章作业

九、有限空间作业重大事故隐患判定标准

第十一条 有限空间作业有下列情形之一的,应判定为重大事故隐患:

（一）有限空间作业未履行"作业审批制度",未对施工人员进行专项安全教育培训,未执行"先通风、再检测、后作业"原则。

【解读】

建筑施工有限空间,一般为封闭或部分封闭,与外界相对隔离,出入口较为狭窄。常见的建筑施工有限空间有隧道、涵洞、地下管沟（道）、水池、水井、人工挖孔桩、地下室等。由于自然通风不良,易造成有毒有害物质积聚或氧含量不足,作业人员不能长时间在内部工作。

有限空间通常存在空气流通不畅的问题,而作业人员在有限空间中工作时,容易出现中毒和窒息的风险。为了确保在有限空间中进行作业时,空气得以流通,避免有毒有害气体的积聚对人体的危害,因此,采取通风措施可以有效地减少这些风险。

本条款主要依据:

《有限空间安全作业五条规定》(原安全监管总局令第 69 号)

第一条 必须严格实行作业审批制度,严禁擅自进入有限空间作业。

第二条 必须做到"先通风、再检测、后作业",严禁通风、检测不合格作业。

【事故案例】

案例 1:2018 年四川省成都市"1·29"中毒窒息较大事故

事故简介: 2018 年 1 月 29 日 10 时 40 分左右,成都某环卫服务有限公司作业人员在三环路石羊立交外侧辅道拆除污水管道堵头过程中,先后被管内污水冲走,事故造成 2 人死亡、1 人下落不明,直接经济损失约 400 万元。

事故经过: 2018 年 1 月 29 日 10 时左右,一名在三环路石羊立交外侧辅道污水管道进行施工作业的工人,跑到铁五院正在进行地表沉降监测作业（距离事发污水井约 50m）的叶某等 3 名测量员面前,告知其工友在井下施工时沼气中毒,请求帮助救人。叶某等 3 人先后来到井口,与求助工人一起拉动安全绳救人,由于安全绳受井下水流影响,阻力很大,无法拉动。情急之下,求助工人戴上头灯,沿井壁下到井内救人,叶某等人进行了阻止,但该求助工人未予理会,坚持下井,不久就失去了踪影（图 1）。

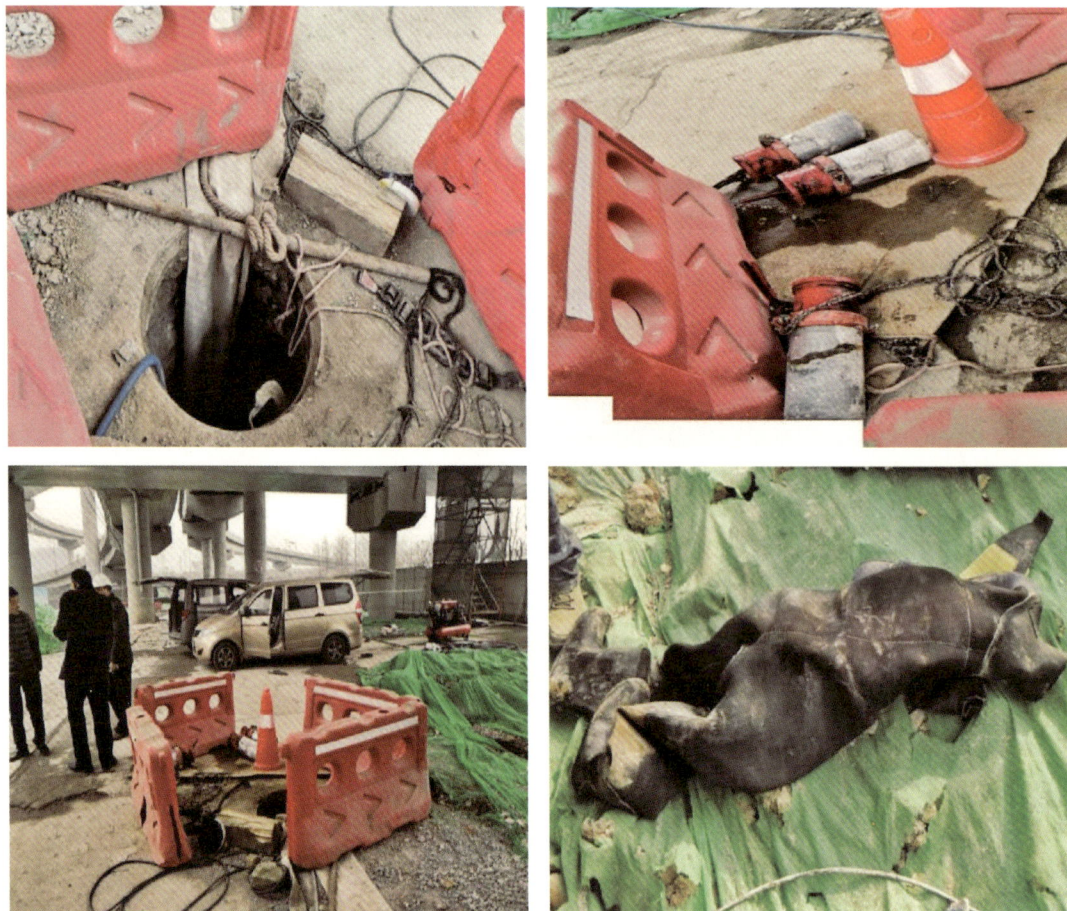

图 1　事故现场照片

事故原因：现场作业人员违章作业，进入污水井下作业未落实"先通风、再检测、后作业"的操作规程，个人防护措施不到位，是造成事故的主要原因。

案例 2：2018 年河北省保定市"6·19"较大中毒窒息

事故简介：2018 年 6 月 19 日 10 时 30 分左右，保定市某街南延污水管道检查井与某路污水管道进行连通施工作业时，发生一起较大中毒窒息事故，造成 3 人死亡，直接经济损失 250 万元左右。

事故经过：2018 年 6 月 18 日下午，刘某山安排工人王某彬和田某贵清理检查井垃圾，并计划清完垃圾后将管道贯通，由于当天没有清理完毕，19 日 7 时左右，刘某山继续安排工人王某彬、李某来清理新建检查井垃圾，刘某山安排完工作，离开现场去购买其他工地所需的建筑材料。之后，王某彬在无任何防护措施的情况下，携带电切割锯、电镐等工具下井进行新建检查井与老污水管道连通作业［新建检查井深度 4.9m，东西方向横穿检查井的钢筋混凝土污水管道距离井底 1.3m，直径为 0.5m，管道壁厚 0.08m，管道南侧表面有使用电动切割锯切开的 0.52m（宽）×0.4m（高）×0.012cm（深）的切割痕，在管道切割痕内的右上部凿开了一个孔洞，大小为 0.12m（上）×0.10m（下）×0.22m（高）］。由于老污水管道在用，当管道被凿穿后，污水立即流出，污水内含有的沼气也随着污水散发到井底空气中，沼气中含有硫化氢、甲烷、乙烷、一氧化碳等有毒成分，其中硫化氢比空气重（相对密度为1.17），致使井底有毒气体聚积，空气中氧含量逐渐降低。王某彬吸入有毒气体后，身体出现不适继而昏倒。井上的李某来发现后，与炊事员田某贵在无任何防护措施的情况下下井施救，也导致二人发生中毒事故（图1）。

图1　有限空间作业现场照片

事故原因： 作业人员在进入受限空间作业前未履行"先通风、再检测、后作业"的程序，且在无任何防护措施的情况下，冒险进入污水检查井（属于典型的受限空间）内，将在用污水管道凿开，致使污水管道内有毒有害气体溢出，未按规定设置现场指挥、监护和救援人员，有限空间作业未采取任何防范措施。

案例3：2021年安徽省淮北市"5·25"较大中毒和窒息事故

事故简介： 2021年5月25日上午9时许，淮北市相山区某工程施工工地发生一起中毒和窒息事故，造成4人死亡，直接经济损失313.9万元。

事故经过： 5月25日上午7时许，安徽某劳务有限公司项目负责人周某利到达该项目施工现场。7时30分许，相山经济开发区资源规划建设部刘某电话通知某环境科技有限公司工人龙某应撤掉维修段污水管道两侧的封堵气囊。8时许，龙某应先后打开了两侧的封堵气囊，8时10分许，位于现场的刘某恒、龙某应、周某利、丁某杰等人先后发现W83-1检查井渗水，刘某恒电话报告刘某W83-1检查井渗水情况，随后渗水量越来越大，并流入W84工作井。8时40分许，刘某和刘某恒步行至W84工作井时，发现井中只有铁锹、手推车和木板，井中施工人员都已撤离，此时井中水位越来越高。8时50分许，胡某利在撤离W84工作井后，又返回准备下井取铁锹，随后，胡某利沿爬梯下井，在即将抓住铁锹时昏倒跌落水中。井上的周某谋和张某均先后下井施救，相继昏倒跌落水中。之后，安徽某劳务有限公司赵某良和王某也准备下井救人。王某在井口脱鞋时，赵某良沿爬梯下井救人，昏倒跌落水中。王某正在沿爬梯下井时被井上人员制止，随后返回井上（图1、图2）。

事故原因： 在未履行审批手续且未通风、未检测、未做好个人防护的情况下，擅自进入事故井内，由于井内存在较高浓度的硫化氢等有毒气体，导致施工人员在下井取工具时发生中毒后坠落污水中溺水身亡，其他人员在未做好安全防护情况下，盲目救人，导致事故伤亡扩大。

图1　污水泄漏区域现场图

图2　事故井现场图

（二）有限空间作业时现场未有专人负责监护工作。

【解读】

本条款主要依据：

《缺氧危险作业安全规程》GB 8958—2006 第5.3.7条：

在存在缺氧危险作业时，必须安排监护人员。监护人员应密切监视作业状况，不得离岗。发现异常情况，应及时采取有效的措施。

案例1：2018年上海市浦东新区"9·10"中毒窒息较大事故

事故简介： 2018年9月10日13时20分左右，某工程项目工地，发生一起中毒和窒息较大事故，事故造成3人死亡，1人受伤。

事故经过： 2018年9月初，某劳务公司木工班组长鲍某华安排该劳务公司木工吴某明带领人员拆除地下室的剩余模板。

9月10日上午，吴某明完成当天工作安排，准备拆除雨水集水池内模板，遂到现场查看，发现雨水集水池内有积水。9时30分左右，吴某明遇到该劳务公司综合楼施工员高某祥，告知要拆除雨水集水池内模板，要求高某祥安排人员清除积水。

10时左右，高某祥完成当日巡视，在项目部大门处遇到该劳务公司安全员周某（同时负责普工工作安排并记工），高某祥要求周某安排人员抽水。周某带领该劳务公司辅工洪某明和许某政到工地仓库领取抽水泵。

12时40分左右，该劳务公司综合楼施工员王某耀在现场巡查过程中，发现洪某明、许某政未在后浇带位置抽水。王某耀向高某祥询问，获悉2人可能被周某安排至雨水集水池抽水。

12时50分左右，王某耀在雨水集水池人孔附近发现螺丝刀、手电筒、电箱、消防水带等物品，但未见洪某明、许某政。于是到地下室再次找到高某祥，并一起继续寻找2人。

13时10分左右，王某耀在雨水集水池外的通道遇到该劳务公司辅工召集人孙某。孙某在通过微信联系洪某明、许某政未果后，使用手机照明向雨水集水池内查看，发现洪某明、许某政倒在池内。

13时23分，王某耀在该劳务公司现场人员微信群发出求救信息。周某、该劳务公司质量员曹某军、该劳务公司普工宋某彪等人收到信息后，先后赶到雨水集水池。

周某、曹某军、宋某彪先后顺着脚手架下到池内救人。周某在攀爬过程中昏倒；曹某军在攀爬中途考虑到救人需要梯子，返回地面；随后，宋某彪也在攀爬过程中昏倒。其他人员见状，不再下池施救。

13时30分，项目部人员接到电话，被告知有4人在雨水集水池内昏倒。

13时35分，项目部人员到达现场，立即安排调运鼓风机向雨水集水池内送风，同时准备施救用工具用以救援。

13时50分，项目部人员先后拨打119、120、110，同时向上级进行汇报。项目部人员在等待消防过程中，组织人员采用佩戴安全绳及面敷湿毛巾等方式开展施救，但因雨水集水池内呼吸困难，施救未果。

事故原因： 2018年10月12日，专家组出具《上海某劳务建筑有限公司"9·10"中毒和窒息较大事故专家组技术分析报告》，分析意见为：

1. 雨水集水池土建施工于6月初完工，未设置透气管孔，人孔盖板密闭程度较高，预留的进出水管孔均被模板封死，雨水集水池处于密闭程度较严实状态。经过近3个月高温密闭，池内氧气消耗严重，有毒有害气体富集程度较高，导致雨水集水池内处于严重缺氧状态。

2. 雨水集水池内密布钢管支撑和模板，模板材质是胶合板。通过模拟检测，现场胶合板在高温密闭条件下，会释放出甲醛等有毒有害物质。

综上所述，从业人员进入存在缺氧状况的有限空间进行作业，导致事故发生。其他人员在现场状况不明，未采取有效防护措施的情况下施救，导致事故扩大。

案例2：2022年重庆市"3·19"较大中毒事故

事故简介： 2022年3月19日13时28分许，重庆某建设工程有限公司承建的某项目厂外管网工程15号污水检查井进行抽水作业时，发生一起较大中毒事故，造成3人死亡，直接经济损失436万元。

事故经过： 3月19日13时左右，泥工班组三名作业人员倪某某（班组长）、刘某某（普工）、程某某（普工）根据商某某（施工员）当日早上的工作安排，前往该项目厂外管网工程15号检查井准备进行抽水作业。

13时23分，程某某、刘某某揭开15号检查井井盖，倪某某用锥形桶制作现场警戒；倪某某和刘某某随即用绳子将抽水泵准备放至井底进行抽水，但当抽水泵放至井内第一个平台（深约3m）时，由于第一个平台洞口与第二个平台洞口不对称，需要人员进入第一个平台挪动抽水泵位置以便其继续下放至第二个平台直至井底。

13时28分，程某某（未系挂安全绳）顺着井口爬梯下至第一个平台时，突然坠入井底。

13时29分，刘某某（未系挂安全绳）随即顺着爬梯下井施救，当其到达第二个平台时发生昏倒，倪某某立即向李某某（安全员）等拨打求救电话，旁观路人亦相继拨打 119 和 120。

13 时 37 分，李某某和易某（杂工）从项目部到达现场。在自然通风不足 30min，也未进行机械通风、气体检测的情况下，李某某戴上过滤式呼吸器盲目入井进行施救，倪某某和易某则将安全绳拴在李某某身上协助其下井。当李某某到达第二个平台时也发生晕厥，倪某某和易某立即向上提拉安全绳，但李某某被第一个平台洞口挡住无法继续提升。本次事故最终造成程某某、刘某某、李某某三人被困井内。

14 时 30 分，消防救援人员救出 2 人（李某某、刘某某）并送区人民医院抢救。

17 时 50 分，救出最后一名被困人员（程某某）。3 人均因伤重经抢救无效于当日死亡。

事故原因： 15 号检查井内存在有毒有害气体，未有专人监督、未进行通风和气体检测下人员进入井内作业和救援，且救援人员未按规定佩戴隔离式呼吸保护器具是本次中毒事故的直接原因。

【总结】 有限空间重大事故隐患判定及预防措施建议

1. 近年来，随着大量传统房建企业业务向基础设施、市政工程拓展，越来越多单位涉及有限空间作业，而传统房建主管部门、管理人员由于管理经验所限，重视程度不足，管控措施力度不够，近期以来事故发生起数有明显上升趋势。

2. 有限空间，指"仅有 1、2 个人孔及进出口受到限制的密闭、狭窄、通风不良的分隔间。或者深度大于 1.2m 封闭或敞口的通风不良空间"。其特点为作业人员不能长时间在内工作，易造成有毒有害、易燃易爆物质积聚或者含氧量不足。

3. 建筑施工有限空间作业，是指作业人员进入有限空间实施的施工作业活动，如人工挖孔桩、隧道、暗挖、顶管作业，钢箱梁、管道、容器内的焊接、涂装、防水防腐、清淤作业等。

4. 要高度重视有限空间作业层层转包、发包管理失位等问题，督促指导发包单位严格审查作业单位的安全生产条件，签订专门的安全生产管理协议，或在合同中约定各自的安全生产职责，对作业单位的安全生产工作进行统一协调、管理，开展作业审批和现场监督，坚决杜绝"一包了之"现象发生。

5. 要督促指导企业规范有限空间作业行为，坚持"先通风、再检测、后作业"原则，落实作业方案制定、作业审批、安全交底、气体检测等要求，监护人员持证上岗并全程监护，为从业人员配备合格有效的气体检测设备、呼吸防护用品、通风照明通信设备、应急救援装备等安全防护和应急救援设备设施，并监督正确使用，发生异常时应紧急撤离作业人员。

6. 要督促指导企业加强有限空间安全教育培训，紧盯有限空间作业安全管理人员、作业负责人、监护人员、作业人员和应急救援人员等关键群体，重点突出身边典型案例、作业危害因素和安全防范措施、安全操作规程、劳动防护用品及应急救援设备的正确使用、应急处置措施等培训内容；制定有针对性的应急预案并开展演练，增强演练实战性、可操作性，克服盲目施救的惯性行为，提升风险意识，切实提升突发事件应急处置能力。

十、拆除工程事故隐患判定标准

第十二条 拆除工程方面，拆除施工作业顺序不符合规范和施工方案要求的，应判定为重大事故隐患。

【解读】

随着城市更新的加速，城市老旧建筑的拆除、改造工程越来越多，而这类工程涉及的安全问题也愈加突出，本条款旨在加强建筑拆除工程的安全管理，规范建筑拆除工程施工行为和管理。

本条款主要依据：

《建筑拆除工程安全技术规范》JGJ 147—2016 第 6.0.1 条：拆除工程施工组织设计和安全专项施工方案，应经审批后实施；当施工过程中发生变更情况时，应履行相应的审批和论证程序。

《建筑拆除工程安全技术规范》JGJ 147—2016 第 6.0.4 条：拆除工程施工必须按施工组织设计、安全专项施工方案实施；在拆除施工现场划定危险区域，设置警戒线和相关的安全警示标志，并应由专人监护。

【事故案例】

案例 1：2019 年广东省深圳市"7·8"较大坍塌事故

事故简介： 2019 年 7 月 8 日 11 时 28 分许，某体育馆改造提升拆除工程工地发生一起坍塌事故，造成 3 人死亡，3 人受伤。事故调查组依据《企业职工伤亡事故经济损失统计标准》GB 6721—1986，核定事故造成直接经济损失为 5935000 元人民币。

事故经过： 事发时，现场监控视频显示，西南侧格构柱附近，张某兵在对东南角钢管柱实施人工氧割（图 1），朱某群在现场巡查。西北侧格构柱附近，王某培在格构柱绑钢丝绳锁扣，王某军、黄某杰、陈某平、李某号在平台休息（图 2），其他人员在网架外。

11 时 28 分许，西南侧格构柱突然失稳并坍塌，随之拉动西北侧格构柱失稳倒塌，整个网架整体由西向东方向呈夹角状坍塌（图 3～图 5）。张某兵被断裂的钢管柱砸中，王某培被放置切割机电机的隔板砸中，王某军、黄某杰、李某号、陈某平在逃生过程中被坍塌的屋架砸中，造成张某兵、黄某杰、王某军 3 人死亡，李某号、陈某平、王某培 3 人受伤。

图 1　西南侧发生坍塌时人员所在位置

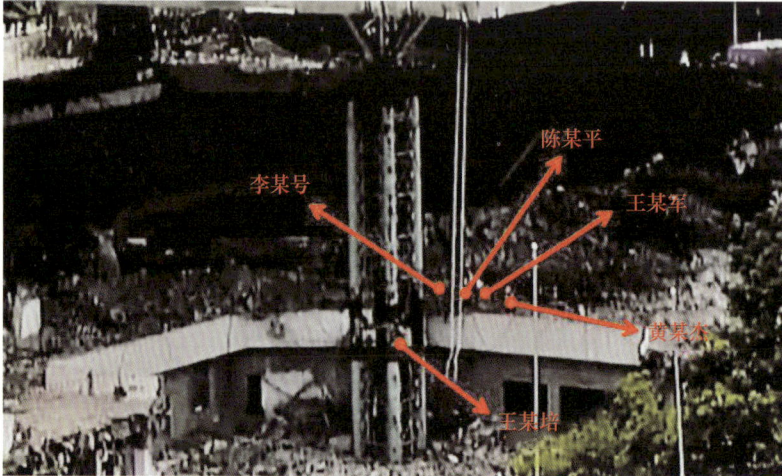

图 2　西北侧发生坍塌时人员所在位置

图 3　体育馆由西往东 　　　呈夹角状坍塌	图 4　坍塌后东侧现状	图 5　坍塌后屋架下现状

事故原因：该体育馆改造提升拆除工程"7·8"较大坍塌事故，体育馆拆除施工未按照《专项施工方案》要求用卷扬机牵引，而采用炮机牵引，牵引力不足，导致西侧两根格构柱中间切割段钢管未能全部拉出，网架未按预期倾倒，此时经7月6日和7月7日切割和牵引，现场网架结构体系已被破坏，处于高危状态。在此情况下，相关单位未按《专项施工方案》从西侧正面进行水平牵引，而是经7月7日晚会议研究，继续违背施工方案，在未经安全评估论证，也未采取安全措施情况下，盲目安排工人进入网架区域进行人工氧割、加挂钢丝绳作业。7月8日11时28分许，西南侧格构柱在人工氧割过程中结构失稳，导致整个网架倒塌，造成了本次坍塌事故（图6）。

图6　体育馆拆除坍塌后的事故现场照片

案例2：2021年江苏省苏州市"12·22"拆除高处坠落较大事故

事故简介：2021年12月22日9时15分，某小区外立面改造项目7号楼东北侧，附着式电动施工平台（以下简称施工平台）拆除过程中，3名工人从高处坠落，经抢救无效死亡，直接经济损失613万元。

事故经过：2021年12月22日7时左右，该小区内，3名工人在7号楼东北侧施工平台上进行施工，其中某模板脚手架有限公司2名工人刘某明、周某鑫进行平台下降拆除作业，并将拆除零部件堆放在施工平台上，某建设发展有限公司1名工人胡某廷站在施工平台上安装百叶窗。9时15分，当拆除到第16层时，施工平台突然断裂下坠（图1），致3名工人从高处坠落，经抢救无效死亡。

事故原因：该起事故发生在附着式电动施工平台（MC-36/15）拆除作业过程中。根据《MC-36/15电动施工平台使用手册》中双柱型电动施工平台载荷分布图所示及《某老旧小区改造提升工程附着式电动施工平台专项施工方案》要求，该平台组合使用过程中总荷载应不超过2000kg。而经现场勘查，共收集到从平台坠落的零部件有41节立柱、9套附墙件及部分平台伸缩面脚手板。对这些坠落零部件进行称重，总重量为2442.05kg（不包含平台自重和3名坠落工人），超过施工平台在拆除时规定的最大载荷1000kg，加上拆下的标准节放置不符合相关规范要求，造成超载、偏载，导致施工平台横梁连接处单耳板产生脆性断裂，3名作业人员高处坠落（图2～图4）。

图1　附着式电动施工平台坠落现场

图2　第3、4节平台横梁右上断开连接头外观图

图 3　东侧立柱第 26 节上端实

图 4　东侧立柱第 27 节下端实图（坠落段）

【总结】　拆除工程重大事故隐患判定及预防措施建议

1. 城市更新带来大量房屋拆除和改造工程，而目前对于拆除工程单位资质和政府监管相对处于盲区，拆除工程未来将面临重大事故风险。

2. 建筑拆除应由具备保证安全条件的施工单位承担，由施工单位负责人对安全负责。施工单位应在其资质等级许可的范围内承揽工程，不得转包或者违法分包工程。施工单位必须制订有针对性的拆除方案及安全措施，并经监理方的审查，从制度上和程序上保证正确拆除方案的实施。拆除方案落实逐级、逐项技术交底制度，拆除过程必须有技术人员现场指挥。

3. 业主必须对建筑拆除安全负责，与施工方共同承担安全风险，提高业主方与拆除方的安全成本，根据其获益情况，分摊安全风险，确保拆除安全。

4. 房屋拆除必须顾及周边环境及安全。拆除前，施工单位应对被拆建筑物及周围的安全环境进行评估。

十一、暗挖工程重大事故隐患判定标准

第十三条 暗挖工程有下列情形之一的,应判定为重大事故隐患:

(一)作业面带水施工未采取相关措施,或地下水控制措施失效且继续施工。

(二)施工时出现涌水、涌沙、局部坍塌,支护结构扭曲变形或出现裂缝,且有不断增大趋势,未及时采取措施。

【解读】

暗挖法是不挖开地面,采用在地下挖洞的方式施工。矿山法和盾构法等均属暗挖法。尽管浅埋暗挖法城市隧道及地下工程施工技术已较为成熟,但由于工程水文地质条件的不确定性和施工环境的复杂性,使得在浅埋暗挖法地下工程施工过程中,仍存在许多施工风险,也发生过许多风险事故。

水是地下暗挖工程最大的威胁,土层含水量增加就会降低土的力学性能,增加滑坡风险。根据有关文献研究,土质经自然浸水后,黏聚力 c、内摩擦角 ϕ 可降低 50% 甚至更多,黏聚力和内摩擦角指标的降低会显著影响边坡的稳定性。另外在持续降雨、基坑已出现安全风险的情况下,必须引起高度重视。

本条款主要涉及暗挖工程施工时,由于出现涌水、涌沙、局部坍塌,支护结构扭曲变形或出现裂缝,且有不断增大趋势,而未及时采取措施而极易导致事故的发生。

本条款主要依据:

1.《城市轨道交通工程基坑、隧道施工坍塌防范导则》第 5.2.1 条:

设计单位应进行隧道坍塌风险辨识、分析,并制定相应措施,开展隧道坍塌风险跟踪和设计服务。

2.《城市轨道交通工程监测技术规范》GB 50911—2013 第 9.1.6 条:

9.1.6 现场巡查过程中发现下列警情之一时,应根据警情紧急程度、发展趋势和造成后果的严重程度按预警管理制度进行警情报送:

1 基坑、隧道支护结构出现明显变形、较大裂缝、断裂、较严重渗漏水、隧道底鼓,支撑出现明显变位或脱落、锚杆出现松弛或拔出等;

2 基坑、隧道周围岩土体出现涌砂、涌土、管涌,较严重渗漏水、突水,滑移、坍塌,基底较大隆起等;

3 周边地表出现突然明显沉降或较严重的突发裂缝、坍塌;

4 建(构)筑物、桥梁等周边环境出现危害正常使用功能或结构安全的过大沉降、倾斜、裂缝等;

5 周边地下管线变形突然明显增大或出现裂缝、泄漏等;

6 根据当地工程经验判断应进行警情报送的其他情况。

【事故案例】

案例1:2018年广东省佛山市"2·7"隧道坍塌重大事故

该起事故在前面基坑工程已经介绍过,事故之所以发生,就是在已经出现涌泥涌砂严重情况下,继续在隧道内继续进行抢险作业,撤离不及时,导致了事故的发生。

经过事故后的勘察,事故发生段存在深厚富水粉砂层且邻近强透水的中粗砂层,地下水具有承压性,盾构机穿越该地段时发生透水涌砂涌泥坍塌的风险高;盾尾密封装置在使用过程密封性能下降,盾尾密封被外部水土压力击穿,产生透水涌砂通道;在涌泥涌砂严重情况下,隧道内继续进行抢险作业,撤离不及时;隧道结构破坏后,大量泥砂迅猛涌入隧道,在狭窄空间范围内形成强烈泥砂流和气浪向洞口方向冲击,导致部分人员逃生失败,造成了人员伤亡的严重后果。

案例2:2019年广东省广州市"12·1"地铁地面塌陷事故

该起事故在前面基坑工程业也介绍过,事故原因就是由于暗挖法施工过程中,遭遇特殊地质环境等因素叠加,引发拱顶透水坍塌。塌陷区围岩总体稳定性差,地质条件复杂,加大了暗挖法施工时发生透水坍塌的风险,而施工单位安全风险辨识不足,针对施工过程中出现的渗水、溶洞等风险征兆,未采取针对性安全技术防范措施,未及时对地面采取围蔽警戒措施。

十二、其他判定标准

第十四条 使用危害程度较大、可能导致群死群伤或造成重大经济损失的施工工艺、设备和材料，应判定为重大事故隐患。

【解读】

近年来我国建筑施工水平显著提高，施工工艺、设备和材料在先进性和安全性方面取得了长足进步，对建筑施工安全形势稳定好转起到了重要的推进和保障作用。与此同时，一些群死群伤事故案例表明，因设备设施缺陷、工艺材料落后、防护不到位或人员操作不当导致"物的不安全状态"，给房屋市政工程埋下了巨大的安全隐患，是诱发安全事故的重要原因。

本条款主要依据：

《安全生产法》第二十九条：生产经营单位采用新工艺、新技术、新材料或者使用新设备，必须了解、掌握其安全技术特性，采取有效的安全防护措施，并对从业人员进行专门的安全生产教育和培训。

【事故案例】

案例1：基桩人工挖孔工艺。

由于施工环境的恶劣性和风险的不可预见性，使从事这一作业的人员始终处于高度危险状态之下，易造成施工人员的高坠、物体打击、淹溺、坍塌、触电以及中毒窒息等事故的发生。比如，2018年7月2日，湖南省耒阳市一个棚户区改造项目现场，1名工人在人工挖孔桩井下作业时因石块坠落被砸身亡。2020年5月5日，湖北省宜都市一个项目现场，2名工人在进行人工挖孔桩清孔作业时发生窒息事故死亡。各类基桩人工挖孔工艺施工安全事故的发生，基本是由施工现场地质条件不良、孔内空气不符合标准、安全措施不健全等多方面因素导致，因此这种形式的桩体工艺在施工时必须要加以安全方面的使用限制条件。

案例2：沥青类防水卷材热熔工艺（明火施工）。

作为市场保有量最大、企业产能最高的防水材料，沥青防水卷材被广泛应用于各大民用建筑和城市基础设施当中。然而，其所使用的明火施工热熔工艺却存在种种问题，其中安全性差就是突出弊端。比如，2020 年 7 月 14 日，四川省成都市一在建工地屋面用于热熔工艺防水施工的煤气罐发生爆炸，从而引发火灾事故。2021 年 5 月～7 月期间，辽宁省大连市接连发生 3 起火灾事故，皆因防水施工过程中使用喷枪对防水材料加热时，溅出火花引燃周围可燃物质引发火灾。类似这种因热熔法防水施工造成的火灾事故屡见不鲜。

案例 3：门式钢管支撑架。

由于采用门式钢管架搭设的满堂承重支撑架，构架尺寸无任何灵活性，构架尺寸的任何改变都要换用另一种型号的门架及其配件，且交叉支撑易在中铰点处折断，造成结构失稳从而引发事故。比如，2020 年 6 月 27 日，广东省佛山市一项目现场在浇筑屋面构造梁混凝土时，因门式钢管支撑架系统失稳导致 4 名作业人员坠落，事故造成 3 人死亡 1 人受伤。因此，限制使用门式钢管架支撑架是行业内的普遍呼声，目前一些地区已对模板支架出台了管控政策，如广东省东莞市下发《关于进一步加强模板支架主要构配件监管的通知》，要求从 2021 年 3 月 1 日起，模板支架禁止使用门式钢管脚手架。

第十五条　其他严重违反房屋市政工程安全生产法律法规、部门规章及强制性标准，且存在危害程度较大、可能导致群死群伤或造成重大经济损失的现实危险，应判定为重大事故隐患。

【解读】

本条款主要依据：

《安全生产法》第四条：生产经营单位必须遵守本法和其他有关安全生产的法律、法规，加强安全生产管理，建立健全全员安全生产责任制和安全生产规章制度，加大对安全生产资金、物资、技术、人员的投入保障力度，改善安全生产条件，加强安全生产标准化、信息化建设，构建安全风险分级管控和隐患排查治理双重预防机制，健全风险防范化解机制，提高安全生产水平，确保安全生产。

第十六条　本标准自发布之日起执行。

附录1

房屋市政工程生产安全重大事故隐患判定标准
（2022版）

第一条　为准确认定、及时消除房屋建筑和市政基础设施工程生产安全重大事故隐患，有效防范和遏制群死群伤事故发生，根据《中华人民共和国建筑法》《中华人民共和国安全生产法》《建设工程安全生产管理条例》等法律和行政法规，制定本标准。

第二条　本标准所称重大事故隐患，是指在房屋建筑和市政基础设施工程（以下简称房屋市政工程）施工过程中，存在的危害程度较大、可能导致群死群伤或造成重大经济损失的生产安全事故隐患。

第三条　本标准适用于判定新建、扩建、改建、拆除房屋市政工程的生产安全重大事故隐患。

县级及以上人民政府住房和城乡建设主管部门和施工安全监督机构在监督检查过程中可依照本标准判定房屋市政工程生产安全重大事故隐患。

第四条　施工安全管理有下列情形之一的，应判定为重大事故隐患：

（一）建筑施工企业未取得安全生产许可证擅自从事建筑施工活动；

（二）施工单位的主要负责人、项目负责人、专职安全生产管理人员未取得安全生产考核合格证书从事相关工作；

（三）建筑施工特种作业人员未取得特种作业人员操作资格证书上岗作业；

（四）危险性较大的分部分项工程未编制、未审核专项施工方案，或未按规定组织专家对"超过一定规模的危险性较大的分部分项工程范围"的专项施工方案进行论证。

第五条　基坑工程有下列情形之一的，应判定为重大事故隐患：

（一）对因基坑工程施工可能造成损害的毗邻重要建筑物、构筑物和地下管线等，未采取专项防护措施；

（二）基坑土方超挖且未采取有效措施；

（三）深基坑施工未进行第三方监测；

（四）有下列基坑坍塌风险预兆之一，且未及时处理：

1. 支护结构或周边建筑物变形值超过设计变形控制值；

2. 基坑侧壁出现大量漏水、流土；

3. 基坑底部出现管涌；

4. 桩间土流失孔洞深度超过桩径。

第六条　模板工程有下列情形之一的，应判定为重大事故隐患：

（一）模板工程的地基基础承载力和变形不满足设计要求；

（二）模板支架承受的施工荷载超过设计值；

（三）模板支架拆除及滑模、爬模爬升时，混凝土强度未达到设计或规范要求。

第七条　脚手架工程有下列情形之一的，应判定为重大事故隐患：

（一）脚手架工程的地基基础承载力和变形不满足设计要求；

（二）未设置连墙件或连墙件整层缺失；

（三）附着式升降脚手架未经验收合格即投入使用；

（四）附着式升降脚手架的防倾覆、防坠落或同步升降控制装置不符合设计要求、失效、被人为拆除破坏；

（五）附着式升降脚手架使用过程中架体悬臂高度大于架体高度的 2/5 或大于 6 米。

第八条　起重机械及吊装工程有下列情形之一的，应判定为重大事故隐患：

（一）塔式起重机、施工升降机、物料提升机等起重机械设备未经验收合格即投入使用，或未按规定办理使用登记；

（二）塔式起重机独立起升高度、附着间距和最高附着以上的最大悬高及垂直度不符合规范要求；

（三）施工升降机附着间距和最高附着以上的最大悬高及垂直度不符合规范要求；

（四）起重机械安装、拆卸、顶升加节以及附着前未对结构件、顶升机构和附着装置以及高强度螺栓、销轴、定位板等连接件及安全装置进行检查；

（五）建筑起重机械的安全装置不齐全、失效或者被违规拆除、破坏；

（六）施工升降机防坠安全器超过定期检验有效期，标准节连接螺栓缺失或失效；

（七）建筑起重机械的地基基础承载力和变形不满足设计要求。

第九条　高处作业有下列情形之一的，应判定为重大事故隐患：

（一）钢结构、网架安装用支撑结构地基基础承载力和变形不满足设计要求，钢结构、网架安装用支撑结构未按设计要求设置防倾覆装置；

（二）单榀钢桁架（屋架）安装时未采取防失稳措施；

（三）悬挑式操作平台的搁置点、拉结点、支撑点未设置在稳定的主体结构上，且未做可靠连接。

第十条　施工临时用电方面，特殊作业环境（隧道、人防工程，高温、有导电灰尘、比较潮湿等作业环境）照明未按规定使用安全电压的，应判定为重大事故隐患。

第十一条　有限空间作业有下列情形之一的，应判定为重大事故隐患：

（一）有限空间作业未履行"作业审批制度"，未对施工人员进行专项安全教育培训，未执行"先通风、再检测、后作业"原则；

（二）有限空间作业时现场未有专人负责监护工作。

第十二条　拆除工程方面，拆除施工作业顺序不符合规范和施工方案要求的，应判定为重大事故隐患。

第十三条　暗挖工程有下列情形之一的，应判定为重大事故隐患：

（一）作业面带水施工未采取相关措施，或地下水控制措施失效且继续施工；

（二）施工时出现涌水、涌沙、局部坍塌，支护结构扭曲变形或出现裂缝，且有不断增大趋势，未及时采取措施。

　　第十四条　使用危害程度较大、可能导致群死群伤或造成重大经济损失的施工工艺、设备和材料，应判定为重大事故隐患。

　　第十五条　其他严重违反房屋市政工程安全生产法律法规、部门规章及强制性标准，且存在危害程度较大、可能导致群死群伤或造成重大经济损失的现实危险，应判定为重大事故隐患。

　　第十六条　本标准自发布之日起执行。

附录 2

本书依据的主要法律、法规、技术标准与规范

类别	名称
法律	《中华人民共和国建筑法》
	《中华人民共和国安全生产法》
	《中华人民共和国特种设备安全法》
	《中华人民共和国劳动法》
	《中华人民共和国合同法》
	《中华人民共和国消防法》
行政法规	《建设工程安全生产管理条例》（国务院令第 393 号）
	《特种设备安全监察条例》（国务院令第 373 号）
	《安全生产许可证条例》（国务院令第 397 号）
	《安全生产事故应急条例》（国务院令第 708 号）
	《建设工程质量管理条例》（国务院令第 279 号）
部门规章	《安全生产事故隐患排查治理暂行规定》（原国家安全监管总局令第 16 号）
	《建筑施工特种作业人员管理规定》（建质〔2008〕75 号）
	《建筑施工企业安全生产许可证管理规定》（建设部令第 128 号）
	《建筑起重机械安全监督管理规定》（建设部令第 166 号）
	《危险性较大的分部分项工程安全管理规定》（住房和城乡建设部令第 37 号）
	《建筑施工企业安全生产管理机构设置及专职安全生产管理人员配备办法》（建质〔2008〕91 号）
	《建筑施工项目经理质量安全责任十项规定》（建质〔2014〕123 号）
	《建筑施工附着升降脚手架管理暂行规定》（建建〔2000〕230 号）
行业标准	《建筑施工安全检查标准》JGJ 59—2011
	《建筑深基坑工程施工安全技术规范》JGJ 311—2013

续表

类别	名称
行业标准	《建筑地基基础工程施工规范》GB 51004—2015
	《建筑施工土石方工程安全技术规范》JGJ 180—2009
	《建筑与市政地基基础通用规范》GB 55003—2021
	《岩土锚杆与喷射混凝土支护工程技术规范》GB 50086—2015
	《滑动模板工程技术标准》GB/T 50113—2019
	《建筑抗震设计规范》GB 50011—2010
	《建筑结构荷载规范》GB 50009—2012
	《砌体结构工程质量验收规范》GB 50203—2011
	《建筑施工升降设备设施检验标准》JGJ 305—2013
	《建筑施工工具式脚手架安全技术规范》JGJ 202—2010
	《施工现场临时用电安全技术规范》JGJ 46—2005
	《建筑机械使用安全技术规程》JGJ 33—2012
	《钢结构工程施工规范》GB 50755—2012
	《建设工程施工现场供用电安全规范》GB 50194—2014
	《建筑施工塔式起重机安装、使用、拆卸安全技术规程》JGJ 196—2010
	《建筑施工高处作业安全技术规范》JGJ 80—2016
	《建筑施工模板安全技术规范》JGJ 162—2008
	《混凝土结构工程施工规范》GB 50666—2011
	《建筑拆除工程安全技术规范》JGJ 147—2016
	《城市轨道交通工程基坑、隧道施工坍塌防范导则》
	《城市轨道交通工程监测技术规范》GB 50911—2013
	《建筑施工扣件式钢管脚手架安全技术规范》JGJ 130—2011
	《施工脚手架通用规范》GB 55023—2022
	《高处作业吊篮安装、拆卸、使用技术规程》JB/T 11699—2013
	《缺氧危险作业安全规程》GB 8958—2006

2017—2022 年基坑坍塌较大及以上事故统计表

序号	年份	事故名称	省份	死亡人数
1	2017	甘肃省天水市"2·20"较大基槽边坡坍塌事故	甘肃省	4
2	2017	重庆市"3·28"较大坍塌事故	重庆市	3
3	2017	广东省深圳市"5·11"基坑坍塌较大事故	广东省	3
4	2017	山东省淄博市"6·19"较大坍塌事故	山东省	5
5	2017	广西壮族自治区南宁市"9·17"沟槽边坡坍塌较大事故	广西壮族自治区	3
6	2017	福建省福州市"10·12"地表塌陷事故	福建省	3
7	2018	广西壮族自治区百色市"1·26"较大坍塌事故	广西壮族自治区	3
8	2018	宁夏回族自治区银川市"3·13"较大坍塌事故	宁夏回族自治区	4
9	2018	上海市"12·29"坍塌较大事故	上海市	3
10	2019	江苏省扬州市"4·10"基坑局部坍塌较大事故	江苏省	5
11	2019	甘肃省庆阳市"5·4"较大坍塌事故	甘肃省	4
12	2019	河北省廊坊市"6·16"基坑边坡坍塌较大事故	河北省	3
13	2019	四川省成都市"9·26"较大坍塌事故	四川省	3
14	2019	贵州省贵阳市"10·28"较大坍塌事故	贵州省	8
15	2019	河南省郑州市"11·15"较大坍塌事故	河南省	3
16	2019	黑龙江省哈尔滨市"12·23"较大坍塌事故	黑龙江省	4
17	2019	河南省南阳市"12·24"较大管道施工坍塌事故	河南省	3
18	2020	陕西省咸阳市"4·8"电梯基坑挡土墙坍塌较大事故	陕西省	5
19	2020	黑龙江省绥化市"8·16"较大坍塌事故	黑龙江省	3
20	2020	广西壮族自治区百色市"9·10"较大隧道坍塌事故	广西壮族自治区	9
21	2020	广东省广州市"11·23"较大坍塌事故	广东省	4

续表

序号	年份	事故名称	省份	死亡人数
22	2021	贵州省遵义市"1·14"较大坍塌事故	贵州省	3
23	2021	安徽省六安市"5·22"较大坍塌事故	安徽省	3
24	2021	新疆维吾尔自治区昌吉市"9·19"坍塌较大事故	新疆维吾尔自治区	3
25	2022	新疆维吾尔自治区叶城县"7·18"较大坍塌事故	新疆维吾尔自治区	5
26	2022	贵州省毕节市"1·4"重大坍塌事故	贵州省	14

附录 4

2017—2022 年模板支撑与脚手架较大及以上事故统计表

序号	年份	事故名称	省份	死亡人数
1	2017	河南省驻马店市"9·15"坍塌较大事故	河南省	3
2	2018	山东省德州市"8·31"模板坍塌较大事故	山东省	6
3	2018	江西省赣州市"9·7"较大坍塌事故	江西省	4
4	2019	浙江省东阳市"1·25"较大坍塌事故	浙江省	5
5	2019	江苏省扬州市"3·21"附着式升降脚手架坠落较大事故	江苏省	7
6	2020	湖北省武汉市"1·5"较大坍塌事故	湖北省	6
7	2020	广东省佛山市"6·27"较大坍塌事故	广东省	3
8	2020	山东省淄博市"9·13"较大坍塌事故	山东省	4
9	2020	贵州省黔南布依族苗族自治州"9·28"较大建筑施工事故	贵州省	3
10	2020	广东省汕尾市"10·8"较大坍塌事故	广东省	8
11	2020	北京市顺义区"11·18"较大事故	北京市	3
12	2021	贵州省仁怀市"3·15"较大坍塌事故	贵州省	4
13	2021	重庆市"7·21"较大坍塌事故	重庆市	5
14	2021	安徽省广德市"7·23"脚手架坍塌较大建筑施工事故	安徽省	3
15	2021	浙江省金华市"11·23"较大坍塌事故	浙江省	6

附录 5

2017—2022 年起重机械较大及以上事故统计表

序号	年份	事故名称	省份	死亡人数
1	2017	河南省信阳市"2·19"较大起重伤害事故	河南省	3
2	2017	山西省太原市"5·14"塔式起重机坍塌较大事故	山西省	3
3	2017	广东省广州市"7·22"塔式起重机坍塌较大事故	广东省	7
4	2017	广东省中山市"8·13"汽车起重机倾覆较大事故	广东省	4
5	2018	安徽省阜阳市"1·21"较大事故	安徽省	3
6	2018	河南省许昌市"1·24"施工升降机拆除较大事故	河南省	4
7	2018	广西壮族自治区河池市"2·8"较大事故	广西壮族自治区	3
8	2018	广东省汕头市"4·9"建筑起重伤害较大事故	广东省	4
9	2018	海南省五指山市"5·17"塔式起重机坍塌较大事故	海南省	4
10	2018	湖北省天门市"10·4"较大高处坠落事故	湖北省	3
11	2018	山东省菏泽市"10·5"较大起重伤害事故	山东省	3
12	2018	陕西省汉中市"12·10"塔式起重机坍塌较大事故	陕西省	3
13	2018	贵州省毕节市"7·2"塔式起重机倒塌较大事故	贵州省	3
14	2019	湖南省岳阳市"1·23"较大塔式起重机坍塌事故	湖南省	4
15	2019	四川省宜宾市"2·24"塔式起重机垮塌较大事故	四川省	3
16	2019	安徽省铜陵市"2·26"起重伤害较大事故	安徽省	3
17	2019	河北省衡水市"4·25"施工升降机轿厢坠落重大事故	河北省	11
18	2019	河南省郑州市"8·28"较大起重伤害事故	河南省	3
19	2019	西藏自治区林芝市"9·1"塔式起重机坍塌较大事故	西藏自治区	3
20	2019	甘肃省庆阳市"11·20"较大起重伤害事故	甘肃省	3
21	2020	浙江省宁波市"3·13"塔式起重机倒塌较大事故	浙江省	3

续表

序号	年份	事故名称	省份	死亡人数
22	2020	广西壮族自治区玉林市"5·16"建筑施工较大事故	广西壮族自治区	6
23	2020	内蒙古自治区包头市"5·19"起重伤害较大生产安全事故	内蒙古自治区	3
24	2020	湖北省钟祥市"7·4"较大起重伤害事故	湖北省	3
25	2020	山东省菏泽市"8·30"较大起重伤害事故	山东省	3
26	2020	广东省深圳市"9·12"突发微下击暴流引发门式起重机倾覆事件	广东省	3
27	2020	山东省日照市"10·5"较大起重伤害事故	山东省	4
28	2020	辽宁省沈阳市"10·22"较大起重伤害事故	辽宁省	3
29	2020	山西省晋城市"11·4"施工升降机高处坠落较大事故	山西省	3
30	2021	山东省潍坊市"5·8"塔式起重机顶升套架滑落较大事故	山东省	3
31	2021	贵州省遵义市"9·20"较大塔式起重机坍塌事故	贵州省	3
32	2021	湖北省鄂州市"12·8"塔式起重机顶升较大事故	湖北省	3
33	2022	甘肃省兰州市"5·3"塔式起重机倒塌较大事故	甘肃省	3
34	2022	云南省曲靖市"9·3"较大起重机械伤害事故	云南省	4
35	2022	重庆市"9·8"塔式起重机倒塌较大事故	重庆市	3

2017—2022 年高处坠落较大及以上事故统计表

序号	年份	事故名称	省份	死亡人数
1	2017	安徽省桐城市"3·27"较大塔式起重机安装事故	安徽省	3
2	2017	河北省保定市"3·27"高处坠落事故	河北省	3
3	2017	山东省济宁市"6·1"较大坍塌事故	山东省	3
4	2017	新疆维吾尔自治区昌吉州"7·19"高处坠落事故	新疆维吾尔自治区	3
5	2017	内蒙古自治区鄂尔多斯市"7·11"较大坍塌事故	内蒙古自治区	8
6	2021	四川省成都市"9·10"较大坍塌事故	四川省	4
7	2021	江苏省苏州市"12·22"高处坠落事故	江苏省	3